清爽小菜
健康低卡

萨巴蒂娜 主编

◎ 清爽低卡

◎ 酸辣开胃

◎ 时令养生

◎ 解馋下饭

青岛出版社
QINGDAO PUBLISHING HOUSE

如何使用本书

STEP1

一盘美味的小菜，离不开优质的食材和精心的处理，一起来看看在做出小菜前需要准备些什么吧～

优质的食材才能做出美味的小菜，经过处理的食材，才能焕发出别样的光彩哦～

食材变成色香味俱全的餐桌小菜，可是有小秘密的～

经典凉菜调味汁

蒜泥汁 / 麻辣汁 / 五香汁 / 麻酱汁
助你调出美味的餐桌凉菜

食材快速处理小工具
让你的食材处理更加省心省力～

成功关键之一：美食"定妆照"，新手秒变餐桌大厨

成功关键之二：
详细的步骤图片，带你成功做出美味

成功关键之三：
烹饪秘籍告诉你更美味的秘密

STEP2

挑选好优质的食材，如何将它们变成美味的小菜？一起来探寻其中的奥秘吧～

STEP3

不同的小菜，有着不同的味道，选择你喜欢的小菜，来一场美食狂欢吧～

在这里，你可以根据自己的喜好，轻松选择自己想要的小菜类型哦～

淡薄之中滋味长

　　家附近有一家稻香村，卖各式美味的糕点和肉食，闻名京城。少女的时候最爱它家的萨其马，香甜软；20多岁的时候喜欢吃它家的松仁小肚，一咬满口肉香，十分满足；而现在，最爱的是它家的小菜素什锦，只因：淡薄之中滋味长。

　　早上和夜里，我都喜欢喝粥。大部分是小米粥，或者白米粥，玉米粥，很少有花粥，因为我要给小菜最大的光彩。

　　在煲粥的时候，准备佐餐的小菜是我最乐意做的一件事。

　　黄瓜拍碎，放少许蒜碎、醋、生抽，再浇上一点自己做的辣椒油，着实美味。

　　从泡菜坛子里捞几根长长的豇豆，用刀细细切碎，直接吃就行。泡菜坛子里的泡菜汁已经是五味俱全，所以什么都不用添了。最喜欢喝小米粥的时候，把豇豆碎倒碗里，一边搅和着一边喝，喝完通体舒泰。

　　自己腌的咸蛋，对切两半，半个咸蛋，一碗粥，这是我最爱的夜宵之一。

　　木耳泡发煮熟，浇上三合油（用香油、酱油、醋调配的），撒点香葱粒，又好看又好吃。

　　自己做小菜，调味品一定要用最好的，所有蔬菜瓜果也一定认真洗涤干净，吃到肚子里的东西一定要放心。

　　自己做小菜，没有那么多油烟与煎炒烹炸的步骤，省下很多时间，留给自己的是清净与最亲切的陪伴。

　　自己做小菜，不仅适合燥热的夏天，也适合所有肠胃需要慰藉的季节。

　　自己做小菜，是身体的需要，也是人生厨涯之必修课。

　　希望你们喜欢这本书。

高欣茹

萨巴蒂娜
个人公众订阅号

萨巴小传：本名高欣茹。萨巴蒂娜是当时出道写美食书时用的笔名。曾主编过近百本畅销美食图书，出版过小说《厨子的故事》，美食散文集《美味关系》。现任"萨巴厨房""和"薇薇小厨""主编。

 敬请关注萨巴新浪微博 www.weibo.com/sabadina

目录
contents

24/ 蛋皮菠菜

26/ 西芹百合

28/ 什锦拌菜

29/ 胭脂藕

30/ 豆皮蔬菜卷

32/ 芹菜炒香干

34/ 炝拌双丝

36/ 彩蔬炒山药

第三章 酸辣开胃小菜

66/ 酸辣蕨根粉

68/ 口水鸡

70/ 肉末酸豆角

72/ 泡椒凤爪

74/ 酸汤肥牛

76/ 酸辣藕丁

78/ 剁椒金针菇

79/ 酸辣豌豆凉粉

80/ 酸辣海带丝

82/ 爽口豆芽

84/ 红油肚丝

86/ 酸辣猪手

88/ 泡椒酸菜鱼

90/ 豉椒娃娃菜

92/ 剁椒虾球

94/ 蒜拍黄瓜

第四章 时令养生小菜

158/ 腊肉手撕生菜

160/ 可乐柠檬小排

162/ 茄子烧四季豆

164/ 麻婆豆腐

166/ 辣子鸡丁

168/ 回锅鱼片

170/ 时蔬干锅

172/ 土豆咖喱牛肉

174/ 肉末烧茄子

176/ 香辣啤酒鸭

178/ 葱爆羊肉

180/ 糖醋虾仁

182/ 藤椒鸡

184/ 五香带鱼

186/ 韩式五花肉

188/ 椒盐虾

第一章

烹饪小知识

烹饪准备主要是对食物作处理，例如采用切、刨、剁等方式让食物变碎而易于食用、腌渍或加入调味料使食物更可口或加热食物等。加热食品，通常能让食物变软、杀菌，且使食物的营养成分更容易被人体吸收。

美味的菜肴离不开新鲜优质的食材，食材是烹饪的基础，也关系到我们的健康，是我们餐桌上的保障。

莲藕

莲藕有粉藕和脆藕之分，选购的时候要根据自己的需求和喜好来。选择莲藕的时候，应选择颜色微黄、外形饱满、没有明显外伤的莲藕。不要挑选那些看起来特别干净，而且颜色很白的莲藕，那样的莲藕很可能已经经过化学制剂浸泡过了，不易储存且对健康不利。

西蓝花

西蓝花选购的时候，要先看花蕾，以花蕾紧密结实、颜色浓绿鲜亮、表面没有凹凸者为佳。西蓝花带叶的话，可以从叶片来判断新鲜度，以叶片嫩绿、湿润为佳。通过西蓝花梗的切口，也可以对西蓝花新鲜度进行判断，切口湿润者为新鲜的。

猪肉

新鲜健康的猪肉瘦肉部分呈淡红色，肥肉部分呈白色或乳白色，肉质柔嫩且有光泽；闻起来无异味，略微带一点腥味。用手摸表面有点干或略显湿润而且不粘手，按压下去会感觉有弹性，指压处恢复较快。

牛肉

新鲜的牛肉呈现均匀的红色且有光泽，脂肪洁白或者呈淡黄色。用手触摸牛肉表面，新鲜的牛肉感觉微干或有风干膜，触摸时不粘手。用手指轻轻按压，指压处能够立即恢复的为新鲜牛肉。

虾

新鲜的虾色泽光亮，外表整洁，用手触摸有一点干燥感觉。虾的头尾完整且与身体紧密相连，虾身有一定的弹性和弯曲度，虾头无发黑现象。在剥虾的时候也会发现，新鲜的虾肉质坚实，壳与肌肉之间连接紧密。

鸡蛋

新鲜的鸡蛋外壳表面有一层白霜，蛋壳清洁无光泽，而不新鲜的鸡蛋表面光滑有亮光，受雨淋或受潮发霉的蛋壳表面会有灰黑斑点。将鸡蛋拿起轻轻晃动，新鲜的鸡蛋不会有晃动感，而不新鲜的鸡蛋会有晃动感出现。

食材处理小技巧

选购好了新鲜的食材，还需要经过进一步的处理能进行菜肴制作，这一步也很重要哦。使用经过确清洗及处理的食材，是菜肴变得诱人的关键。

西蓝花处理

西蓝花放入清水中冲洗去除表面杂质，然后放入干净的盆子中，加入适量清水和一茶匙食盐，浸泡约 20 分钟后冲洗干净。洗净的西蓝花用手摘成小朵，略大的块可以用刀对半切开。

花蛤处理

将花蛤放入盆子中反复清洗，最后换上一盆清水，加入少许盐和几滴油，每隔一段时间就晃几下，可以促进花蛤吐沙。如果用花蛤肉的话，可以煮熟以后将花蛤肉放入盆中，加入适量清水，用筷子沿着一个方向搅拌，这样可以将花蛤肉中的泥沙搅拌出来。

鲜虾处理

用剪刀剪去虾须，将虾背上的壳轻轻剪开一道后，用锋利的小刀子沿着虾背将虾肉切开浅浅的一刀，然后用牙签将虾线挑出来冲洗干净即可。

鱿鱼处理

将鱿鱼在流水中清洗几遍，剪开鱿鱼筒，将鱿鱼的软骨、内脏和头部取下。鱿鱼头剪开后去掉嘴巴、眼睛部分，耐心撕掉鱿鱼须上的皮和吸盘即可。鱿鱼筒展开后，撕掉表面的黑皮和内壁的粘膜，清洗干净后，在鱿鱼内壁斜切一字刀，然后垂直切一字刀，要小心不要切断，最后将鱿鱼切成较为规则的长方形即可。

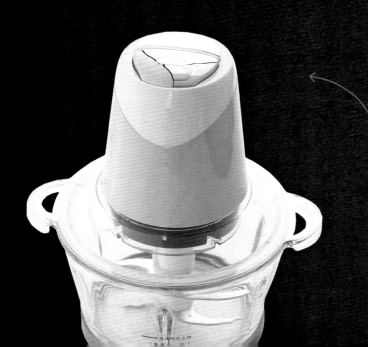

手动蔬果脱水器

洗净的蔬菜控水比较费时间，而且也不会控得很干净，炒菜的时候很有可能还会溅油。有了这款蔬果脱水器，可以轻松实现快速脱水，快捷方便。

小型绞菜砂

需要肉糜或者
时候，用这款
很方便了。它
手动之分，可
己的需要进行
需几分钟，肉
菜碎就准备好

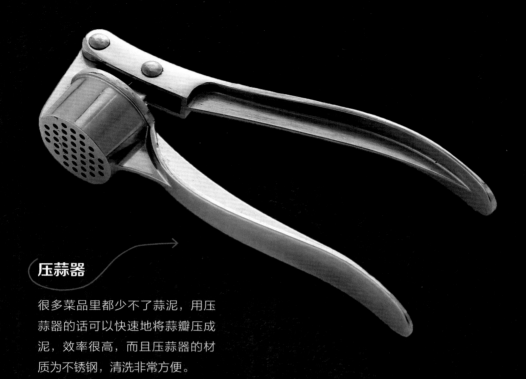

压蒜器

很多菜品里都少不了蒜泥，用压蒜器的话可以快速地将蒜瓣压成泥，效率很高，而且压蒜器的材质为不锈钢，清洗非常方便。

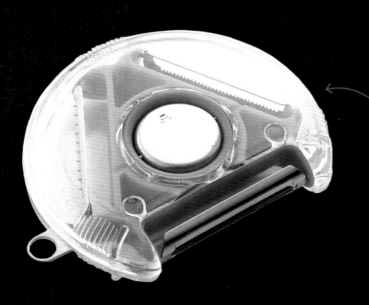

旋转式削皮刨丝器

处理食材的时候，削皮和切丝是必要的，用旋转式削皮刨丝器可以实现一物多用。除了削皮以外，还可以削薄片和切细丝，使用很方便。

烹饪小技巧

看似简单的烹饪过程，却隐藏着很多小窍门。菜肴不仅要味道好，还要卖相好，只有色香味俱全，才是一道成功的美味。

煎鱼不破皮的小窍门

先将鱼身拍上薄薄的一层干淀粉，然后静置 1 分钟左右让淀粉回潮，这样煎鱼的时候，干淀粉不会脱落；将锅中的油烧热后再放鱼，然后改小火，煎 1~2 分钟使鱼定型后再翻面，不要频繁翻动，待两面煎至金黄色即可。

油炸食物金灿灿的小窍门

虽然油炸食品不是那么健康，但还是可以偶尔吃一次解解馋的。为了让食材表面金黄漂亮，可以采用复炸的方式。炸第一遍是油温约六成热的时候将食材炸至断生，内部熟透。炸第二遍是油温约八成热的时候用大火炸，令食材表皮酥脆且颜色金黄，并且这样还能相对减少食材的吸油量。

凉菜是很受欢迎的餐桌小菜，好吃的凉菜里自然少不了美味的调味汁。让调味汁带给你更加美味的享受吧。

蒜泥汁

材料

大蒜	30 克
盐	1/2 茶匙
绵白糖	1/2 茶匙
芝麻油	1 茶匙
料酒	1 茶匙
纯净水	50 克

做法

大蒜去皮，掰成蒜瓣后用压蒜器压成蒜泥，加入其他材料后混合均匀即可。

这款蒜泥汁，如果用来当蘸料的话，可以直接食用；如果用来拌凉菜的话，要适量调整凉菜中盐的用量。

材料

花椒	1 茶匙
八角	3 颗
茴香	3 克
桂皮	5 克
香叶	3 片
甘草	2 克
盐	2 克
料酒	2 茶匙
绵白糖	1 克
芝麻油	4 茶匙
高汤	50 克

做法

将花椒、八角、茴香、桂皮、香叶、甘草放入高汤中小火烧开，加入盐、料酒、绵白糖、芝麻油搅拌均匀即可。使用时捞出香料不用。

这款五香汁可以直接用来拌凉菜，也可以用来浸泡煮好的肉制品食材。盐的量要根据自己的口味再进行调节。

五香汁

麻辣汁

这款麻辣汁可以直接用来拌凉菜，也可以浸泡煮好的肉制品食材。可以根据自己的口味调整红油、花椒油的用量。

材料

红油	4 茶匙
花椒油	1 茶匙
料酒	1 茶匙
盐	1/2 茶匙
绵白糖	1/2 茶匙
生姜	3 克
熟白芝麻	5 克
高汤	40 克

做法

生姜洗净去皮后切成姜末，加入其他材料混合搅拌均匀即可。

麻酱汁

这款麻酱汁可以直接用来拌凉菜，也可以当作蘸料食用。其中盐的用量要根据自己的口味和需要进行调节。

材料

芝麻酱	1 汤匙
盐	2 克
绵白糖	2 克
大蒜	20 克
芝麻油	1 汤匙
熟白芝麻	5 克
五香粉	2 克

做法

大蒜去皮，掰成蒜瓣后用压蒜器压成蒜泥，加入其他材料后混合均匀即可。

02

第二章

清爽低卡小菜

拥有好身材和尽情品尝美食之间似乎是矛盾的，总有很多人为了追求苗条身材而不得不放弃自己喜爱的美食。其实只要每天摄入的热量≤身体消耗的热量，保持身材就完全不是一件难事啦。做一些清爽低卡的小菜吧，在满足食欲的同时，还能让你越吃越瘦哦。

蛋皮菠菜

特色 菠菜富含多种营养素，有"营养模范生"之称。这道蛋皮菠菜的做法很简单，属于非常家常和快手的凉拌小菜，清爽的味道很不错哦。

15min
烹饪时间

简单
难易程度

主料

| 菠菜 | 250 克 |
| 鸡蛋 | 2 个 |

辅料

油	2 茶匙
熟黑芝麻	3 克
盐	1/2 茶匙
芝麻油	2 茶匙
芥末油	1/2 茶匙

烹饪秘笈

1. 摊鸡蛋皮最好用不粘平底锅，这样做出来的鸡蛋皮厚薄会比较均匀。
2. 不喜欢芥末油的话，也可以根据自己的喜好替换成辣椒油。
3. 最好是选择嫩嫩的小菠菜，这样凉拌才会更好吃哦。

做法

1. 菠菜去掉根部，将叶子都掰下来，清洗干净。
2. 锅内备凉水，将水烧开后放入洗净的菠菜，烫至菠菜变色变软。
3. 菠菜捞出后，在凉开水中过凉，捞出控干水分。
4. 晾凉的菠菜切成两段。鸡蛋磕入碗中打散备用。
5. 平底锅内加入油，小火加热至六成热后，倒入蛋液摊成薄薄的鸡蛋皮。
6. 将煎好的鸡蛋皮晾凉后，切成约 0.5 厘米粗的丝。
7. 将鸡蛋丝与菠菜放入容器中，加入盐、芝麻油、芥末油拌匀后盛盘。
8. 最后在表面撒上熟黑芝麻，吃的时候拌匀即可。

 营养贴士

菠菜除了含有丰富的营养物质外，还含有大量植物粗纤维，能够帮助消化，促进肠道蠕动，增强机体抵抗力。

西芹百合

减 脂 又 营 养

特色 西芹含有丰富的维生素和矿物质，具有降血压、降血脂等功效。百合含有多种活性生物碱，有助于增强体质。二者搭配食用，不仅清爽可口，还能为家庭餐桌增添丰富的营养。

10min
烹饪时间(不含泡发时间)

简单
难易程度

主料

西芹	250 克
鲜百合	100 克

辅料

油	1 汤匙
盐	1/2 茶匙
鸡精	少许
干木耳	5 克

做法

1. 干木耳提前用温水泡发 2 小时左右，洗净并撕成小朵；鲜百合去头去蒂后，掰成片清洗干净。

2. 西芹择去筋和叶子后清洗干净，斜切成 2 厘米左右长的段。

3. 锅内加适量水，煮至沸腾后将西芹放入，焯烫半分钟左右。然后放入黑木耳煮 2 分钟左右，西芹和黑木耳捞出后均过凉开水过凉，捞出后控干水分。

4. 另起一锅加入油，大火烧至六成热后，放入西芹和百合翻炒半分钟左右。

5. 然后放入木耳，继续翻炒半分钟左右。

6. 最后加入盐和鸡精翻炒均匀，即可出锅。

 营养贴士

西芹具有明显的降压作用。其含铁量较高，食用西芹是人体从食物中获得铁元素的途径之一。西芹与百合同食，能够提高身体免疫力，宁心安神。

烹饪秘笈

1. 芹菜焯水并且过凉水晾凉后再炒，比直接炒熟的口感更脆爽。

2. 如果用干百合，需要提前用温水泡发 1 小时左右。

3. 干木耳用温水泡发会快一些。夏季做的话温度较高，干木耳泡发时间不宜超过 4 小时，以防止变质。

什锦拌菜

不怕长肉肉

10min
烹饪时间

简单
难易程度

特色 五彩缤纷的蔬菜看起来就很养眼，直接加上调料调成美味的拌菜，能够最大程度地保留蔬菜原有的味道和营养。

主料	紫甘蓝	150 克
	生菜	100 克
	红甜椒	50 克
	黄甜椒	50 克
辅料	熟白芝麻	10 克
	绵白糖	1/2 茶匙
	米醋	2 茶匙
	盐	1/2 茶匙
	芝麻油	1 茶匙

烹饪秘笈

1. 蔬菜可以根据自己的喜好调整，要新鲜并充分洗干净再凉拌。
2. 拌好后尽快食用，否则蔬菜水分遇盐析出会影响口感。

做法

1. 将紫甘蓝和生菜清洗干净，用手撕成 3~4 厘米见方的小块。
2. 红甜椒、黄甜椒清洗干净后切成两半，去掉里面的籽，切成 2 厘米见方的块。
3. 将所有蔬菜放入一个大碗中，加入绵白糖、米醋、盐和芝麻油拌匀。
4. 最后撒入熟白芝麻拌匀盛盘即可。

营养贴士

绿色蔬菜的卡路里含量较低，富含多种维生素和膳食纤维，对于想要减肥的人群来说是不错的选择。

做法

1. 紫甘蓝洗净后控干水分，切成 2 厘米见方的小片。

2. 将切好的紫甘蓝放进料理机中，加入纯净水打碎，用滤网过滤出紫甘蓝汁。

3. 将白醋倒入紫甘蓝汁中使其颜色变成玫红色，加入蜂蜜搅拌均匀。

4. 莲藕洗净去皮后切成约 0.3 厘米厚的薄片。

5. 锅中烧水，水开后放入藕片焯 1~2 分钟至断生，捞出后放入凉开水中过凉。

6. 将藕片放入紫甘蓝汁中浸泡，封上保鲜膜放入冰箱冷藏 3 小时左右上色入味即可。

 特色 靓丽的颜色，脆爽的口感，这款胭脂藕绝对是能够拯救胃口的一道小菜。先从视觉上勾起你的食欲，再从口味上征服你的味蕾！

主料	莲藕	250 克
	紫甘蓝	150 克
辅料	蜂蜜	40g
	白醋	2 茶匙
	纯净水	100 毫升

烹饪秘笈

1. 想要胭脂藕的颜色更深一些，可以多加一些紫甘蓝。加入白醋的量会影响紫甘蓝汁的颜色，可以适当增减白醋的用量，调整出自己喜欢的颜色。

2. 根据藕片和容器的大小，纯净水的用量可以适当调整，以放在容器中没过藕片为准。

🌿 **营养贴士**

莲藕除了具有食用价值之外，在健脾开胃方面也有一定的功效，是老幼妇孺、体弱多病者的滋补食品。

胭脂藕
养眼又清爽

10min
烹饪时间（不含腌制时间）

简单
难易程度

豆皮蔬菜卷

食 物 原 来 的 味 道

特色 简单到不需要用炒锅的小菜，几种简单的食材，轻轻卷进豆皮中，可以直接吃，也可以蘸酱吃哦。

10min
烹饪时间（不含腌制时间）

简单
难易程度

主料

豆腐皮	150 克
生菜	100 克
黄瓜	半根
胡萝卜	半根

辅料

香菜	1 根
豆瓣酱	50 克

烹饪秘笈

1. 在生菜叶上刷一层豆瓣酱，将豆瓣酱和蔬菜裹在一起食用，味道也是很赞的。

2. 如果嫌用香菜系一下麻烦，可以将豆腐皮稍微切大一点，直接卷菜就可以。

做法

1. 豆腐皮切成 7 厘米见方的片；黄瓜洗净后用擦丝器擦成丝；胡萝卜洗净去皮后用擦丝器擦成丝；生菜去掉根部，将叶子洗净后撕成跟豆腐皮差不多的小块。

2. 锅中备水，烧开后放入豆腐皮焯烫 1 分钟左右，捞出控干水分。

3. 香菜去掉根部，洗净并去叶子，将香菜梗放入开水中烫软。

4. 取一张豆腐皮，铺上生菜。

5. 放上黄瓜和胡萝卜丝将豆腐皮卷起来。

6. 用烫软的香菜梗在豆腐皮中间系起来，蘸着豆瓣酱吃即可。

 营养贴士

豆腐皮中的蛋白质、氨基酸含量比较高，并且易消化、易吸收，能够帮助儿童提高免疫力，帮助老人增强体质，是适合大众人群食用的佳品。

芹菜炒香干

给 芹 菜 换 个 花 样

特色

很常见的一道家常菜，想要吃素食的时候，就做这个吧。香干为芹菜增添了些许不一样的味道，搭配起来还是蛮赞的。

15min
烹饪时间

简单
难易程度

主料

芹菜	250 克
香干	150g
鲜香菇	3 个

辅料

油	1 汤匙
大蒜	10 克
盐	1/2 茶匙
生抽	1/2 茶匙

烹饪秘笈

1. 芹菜去掉老筋，并且焯水后再炒，可以让芹菜的口感更脆。

2. 香干本身带有一定的盐分，因此盐的用量要根据自己的口味进行适当的调整。

做法

1. 芹菜去老筋和叶子，清洗干净后，斜切成 2 厘米左右长的段。

2. 香干清洗干净后，控干水分，切成 1 厘米左右宽的条。

3. 鲜香菇清洗干净后，切成 1.5 厘米见方的小块；大蒜去皮，掰成蒜瓣后切成蒜片。

4. 准备一锅水，煮开后将芹菜焯水半分钟左右，捞出后放入凉开水中过凉，捞出后控干水分。

5. 将香菇放入沸水中焯 1~2 分钟，捞出后控干水分。

6. 另起一锅放入油，大火烧至七成热后放入蒜片煸炒出香味。

7. 放入香干、香菇、芹菜继续煸炒半分钟左右。

8. 最后加入盐和生抽调味，翻炒均匀后出锅。

 营养贴士

香干是豆腐的再加工制品，含有丰富的蛋白质，富含人体必需的氨基酸，具有较高的营养价值。

炝拌双丝

土 豆 和 胡 萝 卜 的 相 遇

特色 简单又美味的一道家常凉拌小菜，清脆爽口，在不想动手炒菜的时候，拌这样一道小菜，也是很方便的。

15min
烹饪时间

简单
难易程度

做法

1. 土豆洗净后去皮，用擦丝器擦成丝，在清水中清洗几遍，洗去多余的淀粉。

2. 胡萝卜洗净后去皮，用擦丝器擦成丝；香菜去掉根部，清洗干净后控干水分，切成约 1.5 厘米长的小段。

3. 准备一锅水，待水沸腾后将土豆丝和胡萝卜丝放入，焯半分钟左右断生后捞出。

4. 将焯好的土豆丝和胡萝卜丝放入凉开水中过凉，捞出控干水分后放入容器中。

5. 另起一锅放入油，中火烧至六成热后放入花椒、干辣椒煸炒至出香味。

6. 将烧好的油稍微晾凉后淋入双丝中，加入盐、米醋搅拌均匀，最后在表面撒上香菜拌匀即可。

主料

土豆	1 个
胡萝卜	1 根

辅料

盐	1/2 茶匙
米醋	2 茶匙
干辣椒	4 个
油	1 汤匙
花椒	1 茶匙
香菜	1 根

烹饪秘笈

1. 土豆丝清洗几遍去掉淀粉之后的口感会更加脆爽一些。

2. 喜欢蒜味的话，加一点蒜蓉拌匀也好吃哦。

 ## 营养贴士

胡萝卜素有"小人参"之称，能够增强机体免疫能力，对健康长寿也有一定的帮助。土豆是比较大众的食物，能够补脾益气，对脾胃虚弱、消化不良者有一定的食疗作用。

山药含有丰富的营养保健物质，具有降血压、抗肿瘤、延缓衰老等功效，常食山药，对身体的好处可是多多的哦。

15min
烹饪时间（不含泡发时间）

简单
难易程度

彩蔬炒山药

养 生 小 帮 手

主料

山药	250 克
干木耳	5 克
胡萝卜	30 克
青甜椒	30 克
黄甜椒	30 克

辅料

油	1 汤匙
绵白糖	1/2 茶匙
盐	1/2 茶匙
米醋	1 茶匙
香葱	1 棵

烹饪秘笈

1. 给山药削皮时，山药汁沾到手上容易发痒，可以带上手套或者削皮前在手上抹点醋。

2. 切好的山药要放入清水中隔绝空气以防止氧化变黑。

营养贴士

山药富含对人体有益的微量元素，能够滋补机体和强化内分泌，改善机体的免疫功能，提高机体抵抗力。

做法

1. 山药清洗干净，用削皮器削皮后洗去表面黏液，切成约 0.5 厘米厚的片，浸泡在清水中隔绝空气以防止氧化变色。

2. 香葱洗净后，将葱白和葱叶分开切成葱花；干木耳提前用温水泡发约 2 小时，洗净并撕成小朵。

3. 胡萝卜洗净后去皮，切成约 3 厘米见方、0.5 厘米厚的菱形片；青甜椒、黄甜椒洗净后，去掉里面的籽，切成 2 厘米见方的小块。

4. 锅内加适量水，煮至沸腾后将黑木耳放入，煮 2 分钟左右捞出后过凉水过凉，捞出后控干水分。

5. 炒锅中放入油，大火烧至七成热后放入葱白煸炒出香味。

6. 加入山药片煸炒几下后放入米醋，继续翻炒 2~3 分钟，可加入少量的清水，防止山药的黏液太多粘锅。

7. 加入胡萝卜片、木耳、青甜椒和黄甜椒翻炒半分钟左右。

8. 最后调入盐、绵白糖，撒上葱叶炒匀即可出锅。

番茄鹌鹑蛋
一 口 一 个 的 美 味

15min
烹饪时间（不含浸泡时间）

简单
难易程度

特色

小巧玲珑的鹌鹑蛋很有营养，经过油煎之后略皱的表皮能够充分裹上番茄汁的味道。相信大人小孩都会喜欢这样酸甜可口的鹌鹑蛋。

主料	鹌鹑蛋	200 克
	番茄	1 个
辅料	油	1 汤匙
	番茄酱	1 汤匙
	盐	2 克
	香葱	1 根

烹饪秘笈

1. 鹌鹑蛋剥壳以后一定要擦干水分，防止煎的时候油溅出来。这一步也可以用油炸的方式对鹌鹑蛋进行处理。

2. 如果想要鹌鹑蛋更加入味，可以在最后加入适量水多炖煮一会儿。

做法

1. 鹌鹑蛋小心清洗干净。备一锅凉水，放入洗净的鹌鹑蛋煮沸，水开后3~4分钟捞出。

2. 捞出的鹌鹑蛋放到凉水中浸泡10分钟左右，这样会比较方便剥壳。

3. 将浸泡好的鹌鹑蛋剥壳并清洗干净，用厨房纸擦干表面的水分。

4. 番茄洗净后切成2厘米左右的小块；香葱洗净后将叶子切成葱花备用。

5. 炒锅中放入油，中火烧至约六成热后放入鹌鹑蛋煎至表面金黄色后，捞出放入容器中备用。

6. 利用锅中的底油，倒入番茄块翻炒至软烂后，加入番茄酱、鹌鹑蛋和盐翻炒均匀，最后盛盘后在表面撒上葱花做装饰。

营养贴士

鹌鹑蛋富含种类齐全的氨基酸等人体必需成分，能够补气益血，强筋壮骨，是比较理想的滋补食品。番茄含有丰富的维生素，其中的番茄红素抗氧化能力较强，可以有效清除人体内的自由基。

做法

1. 将荷兰豆清洗干净后，切成3厘米左右的段。

2. 胡萝卜洗净去皮后切成3厘米见方的菱形片；香菇洗净后控干水分，切成2厘米左右的小块；大蒜去皮，掰成蒜瓣后切成蒜末。

3. 锅中加入清水，煮至沸腾后将荷兰豆放入，焯烫至变色熟透后捞出，控干水分。

4. 将香菇放入沸水中焯1~2分钟，捞出后控干水分。

5. 另起一锅内倒入油，大火烧至七成热后放入蒜末煸炒出香味。

6. 放入荷兰豆、香菇和胡萝卜，继续大火煸炒半分钟左右，最后加入盐炒匀后即可出锅。

特色 鲜亮的色泽，脆爽的口感，美味的荷兰豆不仅看起来很讨喜，还具有很高的营养价值，可以提升人体的新陈代谢功能。

主料	荷兰豆	200 克
	胡萝卜	100 克
	鲜香菇	4 个
辅料	油	1 汤匙
	盐	1/2 茶匙
	大蒜	15 克

烹饪秘笈

1. 荷兰豆焯水后再炒，一是可以充分保证熟透，防止中毒；二是可以保持清脆口感。

2. 也可以用少许淀粉加水调成汁，最后给菜品勾芡，这样可以让荷兰豆看起来更加鲜亮有食欲。

🌿 营养贴士

荷兰豆是人体中铁元素的上好来源，除此以外，还含有能够增强人体新陈代谢功能的营养物质，是营养价值较高的豆类蔬菜之一。

素炒荷兰豆
脆 爽 的 美 味

10min 烹饪时间   **简单** 难易程度

虾仁豌豆碧玉卷

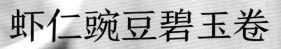

鲜　美　好　滋　味

特色 简单的虾仁豌豆，放在黄瓜雕刻成的容器里，立刻就变得吸引人了。

15min
烹饪时间（不含腌制时间）

简单
难易程度

主料

鲜虾	150 克
豌豆	30 克
黄瓜	1 根
胡萝卜	20 克
甜玉米粒	20 克

辅料

油	2 茶匙
胡椒粉	2 克
盐	1/2 茶匙
淀粉	5 克
料酒	2 茶匙

做法

1. 鲜虾洗净后去头，在背部划一道口子，挑出里面的虾线后去壳，切成约 1 厘米见方的小丁；胡萝卜洗净去皮后，切成 0.5 厘米见方的小丁备用。

2. 切好的虾仁放入容器中，加入淀粉、胡椒粉和料酒抓匀，腌制半小时左右。

3. 黄瓜洗净后切成 5 厘米左右的段，用刀子将黄瓜段的一侧轻轻切去一层便于横着放平。

4. 在黄瓜段的两头约 0.3 厘米处用小刀各划一刀，削掉上面的一层黄瓜皮，然后用小勺轻轻将黄瓜肉挖出来，做成竹节状的容器。

5. 锅中加入清水，煮至沸腾后将豌豆和甜玉米粒焯 1 分钟左右，捞出控干水分。

6. 炒锅中放入油，中火烧至七成热后放入胡萝卜丁和虾丁翻炒约半分钟至虾丁微微变红。

7. 放入豌豆和甜玉米粒继续翻炒半分钟左右。

8. 加入盐调味炒匀，出锅后盛入做好的黄瓜竹节容器中即可。

烹饪秘笈

1. 豌豆和甜玉米焯水时可以滴入几滴油，能够帮助保持颜色鲜亮。

2. 最好购买新鲜的虾现剥取虾仁现用，不要买冷冻虾仁。

3. 做黄瓜容器的时候，注意不要挖太深，以免黄瓜底被刮漏。

营养贴士

虾仁脂肪含量低，味道鲜美，与豌豆一样，均含有丰富的微量元素，能够很好地补充人体所需的营养成分。

蒜蓉虾仁西蓝花

健 康 养 生 的 选 择

特色 西蓝花含有的营养成分种类很全，搭配虾仁更有营养，用蒜爆炒之后带有了蒜香味，真的很诱人。

15min
烹饪时间（不含腌制时间）

简单
难易程度

做法

1. 鲜虾洗净后去头，在背部划一道口子，挑出里面的虾线后去壳，取出虾仁放入容器中，加入淀粉和料酒抓匀，腌制 20 分钟左右。

2. 西蓝花去掉粗茎后，择成小朵在清水中反复冲洗干净；大蒜去皮，掰成蒜瓣后切成蒜末。

3. 锅中加入清水，煮至沸腾后加入少许油和盐，将西蓝花放入焯烫 1 分钟左右，焯好的西蓝花捞出后过凉水，控干水分。

4. 炒锅中放入油，大火烧至七成热后放入蒜末煸炒出香味。

5. 放入虾仁煸炒至变成红色并卷曲。

6. 放入焯好的西蓝花翻炒约半分钟，加入剩余的盐炒匀即可出锅。

主料

西蓝花	250 克
鲜虾	200 克

辅料

油	1 汤匙
盐	1/2 茶匙
大蒜	20 克
淀粉	5 克
料酒	2 茶匙

烹饪秘笈

1. 西蓝花焯水时加少许油和盐，可以帮助保持颜色翠绿。

2. 最好购买新鲜的虾现剥取虾仁现用，不要买冷冻虾仁。

 ## 营养贴士

相关研究表明，西蓝花的防病作用及营养价值的平均值在蔬菜中位居第一。与营养鲜美的虾仁搭配，能够补充人体所需的多种营养元素，提高机体免疫力。

酸奶蔬菜沙拉

10min
烹饪时间

简单
难易程度

特色 简单到不能再简单的小菜，
把沙拉酱替换成酸奶，不用
担心热量的问题。更可以随
心加入自己喜欢的蔬菜，你
的餐桌你做主。

主料	苦菊	100 克
	黄瓜	半根
	樱桃番茄	10 个
	樱桃萝卜	5 个
辅料	酸奶	100 克

烹饪
秘笈

1. 想要摆盘更好看一些，
   最后可以在表面撒上熟
   黑芝麻或者熟白芝麻作
   为装饰。
2. 绿叶菜可以用小苏打浸
   泡一会儿去除农药残留。

🌱 营养贴士

酸奶中不仅含有能够维护人体肠道菌群生态
平衡的乳酸菌，还有多种促进机体吸收营养
物质的酶。酸奶也很容易让人产生饱腹感，
与蔬菜搭配食用，有助于减肥人士控制体重。

做法

1. 将苦菊去掉根部，择去不新鲜的叶子，洗干
   净并控干水分后切成 3~4 厘米长的段。
2. 将樱桃番茄清洗干净后控干水分，对半切开。
3. 将黄瓜和樱桃萝卜清洗干净后，控干水分，
   分别切成约 0.2 厘米厚的薄片。
4. 将所有食材放入容器中，淋上酸奶，拌匀即可。

做法

1. 金针菇切掉根部，撕开并洗净，控干水分；胡萝卜洗净去皮后用擦丝器擦成丝；黄瓜洗净后用擦丝器擦成丝；海带洗净后控干水分，切成约 0.2 厘米宽的丝。

2. 锅中加入清水，煮至沸腾后将金针菇放入焯烫 1~2 分钟，捞出控干水分。

3. 再将海带丝放入，焯烫 1 分钟左右捞出，放入凉开水中过凉，捞出控干水分。

4. 将金针菇和海带放入容器中，加入黄瓜丝和胡萝卜丝，最后加入盐、辣椒油、米醋和生抽拌匀即可。

营养贴士

金针菇含有比较全的人体必需氨基酸成分，能够有效增强机体生物活性、促进新陈代谢，食用价值较高。海带含有丰富的碘等矿物质元素，有益身体健康。

 特色　海带和金针菇都是营养丰富的食物，有很好的食疗养生价值，二者搭配起来也是十分爽口的。宴客的时候来这道小凉菜，会很受欢迎的。

主料	金针菇	150 克
	海带	150 克
	黄瓜	50 克
	胡萝卜	50 克
辅料	辣椒油	1 汤匙
	盐	1/2 茶匙
	米醋	2 茶匙
	生抽	1/2 茶匙

烹饪秘笈　海带焯烫后过一下凉开水会保持口感的脆爽。如果买来的是盐渍海带，需要反复清洗浸泡去除部分盐分，并根据自己的口味调整盐的用量。

海带金针菇

大 海 的 味 道

15min 烹饪时间　　**简单** 难易程度

多吃绿叶蔬菜对身体很有好处，油菜加香菇的经典组合更是黄金搭配，不仅富含营养，而且美味可口。

15min
烹饪时间

简单
难易程度

香菇油菜

经 典 的 家 常 味 道

主料

鲜香菇	10 个
油菜	300 克

辅料

油	1 汤匙
大蒜	15 克
蚝油	2 茶匙
盐	1/2 茶匙
淀粉	1 茶匙
生抽	2 茶匙
米醋	1 茶匙

做法

1. 油菜去掉根部以后将叶子掰下清洗干净；鲜香菇洗净后去蒂，用小刀在表面刻出星状花纹；大蒜去皮，掰成蒜瓣后切成蒜末。

2. 锅中备清水，煮开后将油菜放入，焯烫半分钟左右至油菜变色熟透后捞出控水。

3. 将蚝油、生抽、米醋、淀粉、盐放入碗中，加入半碗清水调成汁。

4. 炒锅中放入油，大火烧至七成热后放入蒜末煸炒出香味。

5. 加入香菇翻炒半分钟左右，加入适量清水，倒入调好的汁，煮至香菇熟透并且汤汁浓稠。

6. 将焯好的油菜摆在盘子周围，将香菇放到油菜中间盛盘即可。

烹饪秘笈

1. 焯油菜的时候可以在水中加入一点盐和油保持其色泽翠绿。

2. 香菇不想整个吃的话，也可以切成小块，这样也能够减少炒制时间。

 ## 营养贴士

油菜口感清爽，富含植物纤维和维生素 C，能够促进肠道蠕动，强身健体。香菇蛋白质含量高，素有"山珍之王"美誉，对人体健康比较有益。

柠香龙利鱼

柠 檬 的 香 味

特色 鲜嫩的龙利鱼含有丰富的不饱和脂肪酸，对防治心脑血管疾病和增强记忆很有帮助。龙利鱼有多种做法，而此次做出的柠香龙利鱼口感清爽。稍用心思，就将龙利鱼做出了西餐的感觉。

15min
烹饪时间（不含腌制时间）

简单
难易程度

主料

龙利鱼	1 条
柠檬	1 个
紫洋葱	半个

辅料

黑胡椒	少许
生姜	10 克
盐	2 克
大蒜	15 克
香葱	1 根

烹饪秘笈

1. 龙利鱼鲜嫩易熟，不要蒸太久哦。
2. 最后也可以淋一点蒸鱼豉油调味。

做法

1. 将龙利鱼清洗干净后去掉鱼皮，顺着鱼骨用锋利的刀子将鱼肉轻轻片下来。

2. 生姜洗净去皮后切成丝；香葱洗净后将葱叶切成葱花；紫洋葱洗净后切成约 0.3 厘米宽的丝；大蒜去皮，掰成蒜瓣后切成蒜片；将 2/3 的柠檬切成约 0.3 厘米厚的片。

3. 将 1/3 的柠檬挤出柠檬汁，加入姜丝、蒜片、黑胡椒、盐和少量清水混合成汁。

4. 将调好的汁在龙利鱼表面抹一遍，腌制 15 分钟左右。

5. 将紫洋葱丝和一半的柠檬片铺在蒸盘底部，放上龙利鱼。

6. 在龙利鱼四周和表面放上另外的柠檬片。

7. 锅中加水烧开，放入龙利鱼蒸 5~8 分钟至熟透。

8. 蒸好后倒出部分多余汤汁，撒上葱花作为装饰品即可。

营养贴士

龙利鱼是一种优质的海洋鱼类，其脂肪中含有不饱和脂肪酸，对人体心脑血管系统有一定的保护作用。

韭菜银芽

简 单 快 手 的 清 爽

特色 非常快手的一道小菜。脆爽的口感，丰富的营养。只需要几分钟，美味就出锅啦。

8min
烹饪时间

简单
难易程度

主料

韭菜	50 克
绿豆芽	300 克

辅料

油	1 汤匙
盐	1/2 茶匙
干辣椒	3 个
米醋	1 茶匙

做法

1. 绿豆芽去掉根须，在清水中浸泡洗净，去掉浮在表面的绿豆皮后捞出，控干水分；韭菜洗净后切成 2.5 厘米左右长的段。
2. 锅内放入油，大火烧至七成热后放入干辣椒煸炒出香味。
3. 加入绿豆芽翻炒至变透明，加入米醋。
4. 放入韭菜翻炒几下，最后加入盐即可出锅。

烹饪秘笈

1. 绿豆芽不要炒太久，否则就会变软，影响口感。
2. 韭菜翻炒几下就可以出锅，菜的余温会让韭菜变熟。

 营养贴士

绿豆在发芽的过程中，维生素 C 的含量大大增加，其中的部分蛋白质也会分解为各种人体所需的氨基酸，具有比较高的营养价值。

苦瓜炒鸡蛋

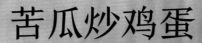

偶 尔 吃 点 苦

特色 苦瓜虽苦，但具有清凉去火的作用，适当食用，对身体还是很有好处的。爱美的女性也可以多吃一点，有减肥作用哦。

10min
烹饪时间

简单
难易程度

主料

苦瓜	1 根
鸡蛋	3 个
红甜椒	半个

辅料

油	4 茶匙
香葱葱白	1 段
盐	1/2 茶匙
大蒜	10 克

烹饪秘笈

1. 鸡蛋液中可以加入少量的清水，这样炒出来的口感会更嫩一些。

2. 焯苦瓜时可以在水中加入少量的油和盐，这样焯出来的苦瓜颜色青翠。

3. 可以在鸡蛋液中加入少量盐，这样鸡蛋的味道会更足一些。

做法

1. 苦瓜洗净后对半切开，去掉瓤后切成约 0.5 厘米厚的片。

2. 红甜椒洗净后切成约 0.5 厘米宽的丝；将葱白切成 1 厘米左右的葱段；大蒜去皮，掰成蒜瓣后切成蒜片。

3. 锅中加入清水，沸腾后将苦瓜放入，焯烫 1 分钟左右至变色后捞出，在凉开水中过凉后捞出沥干水分。

4. 鸡蛋磕入小碗中充分打散，加入少许盐搅拌均匀。

5. 炒锅中放入 2 茶匙油，中火加热至六成热，放入打散的鸡蛋炒匀后盛出。

6. 在锅中再放入 2 茶匙油，大火加热至约七成热后，放入葱段和蒜片爆炒出香味。

7. 放入苦瓜和红甜椒煸炒半分钟左右。

8. 最后放入炒好的鸡蛋，加入盐调味并炒匀即可。

 营养贴士

苦瓜中的苦瓜素被誉为"脂肪杀手"，对减肥瘦身的人来说是个不错的选择。同时，苦瓜具有降胃火的作用，在炎热的夏季更适合多吃一点。

清拌莴笋丝

清 脆 可 口 的 味 道

特色 莴笋丝水分含量比较高，口感清脆，无论是清炒还是凉拌都很美味。

10min
烹饪时间

简单
难易程度

主料

莴笋	250 克
胡萝卜	50 克

辅料

绵白糖	2 克
盐	2 克
米醋	2 茶匙
熟黑芝麻	5 克

做法

1. 将莴笋洗净后，用削皮刀削去外皮，用擦丝器擦成细丝；胡萝卜洗净后去皮，用擦丝器擦成丝。
2. 锅中加入清水，煮至沸腾后将莴笋丝放入，焯烫半分钟左右至变色后捞出，放入凉开水中过凉，捞出后沥干水分。
3. 将米醋倒入小碗中，加入盐、绵白糖搅拌溶化调成汁。
4. 将莴笋丝和胡萝卜丝放入容器中，倒入调好的料汁拌匀，盛盘后在表面撒上熟黑芝麻即可。

烹饪秘笈

1. 莴笋在沸水中烫一下要尽快捞出，不要烫过头，否则会变软影响口感。
2. 这道菜也可以放入适量蒜泥提味。

 营养贴士

莴笋含有大量的膳食纤维和水分，能够促进肠道蠕动，加快食物消化速度。其中含有的丰富的氟元素，对牙齿和骨骼的生长也有一定益处。

蒜蓉粉丝娃娃菜

蒸 出 来 的 好 味 道

特色 新手也可以轻松做出的美味蒸菜，不需要高超的厨艺，材料也不复杂，味道却很赞

20min
烹饪时间

简单
难易程度

主料

娃娃菜	1 棵
粉丝	50 克

辅料

油	1 汤匙
蒸鱼豉油	2 茶匙
盐	1/2 茶匙
大蒜	20 克
朝天椒	1 个
香葱	1 棵

烹饪秘笈

1. 烫娃娃菜的时候加一点盐，能够增加娃娃菜的底味，吃起来更入味一些。
2. 粉丝不要烫得太软，否则蒸熟以后会变得过于绵软，口感不好。
3. 娃娃菜的根部不要全部切掉，否则切开后会散开。

做法

1. 娃娃菜洗净后控干水分，将根部切去一部分，从中间竖着一分为二切成两半。
2. 每一半的娃娃菜再竖着切两刀，将其分成三条。
3. 大蒜去皮，掰成蒜瓣后切成蒜末；朝天椒洗净后控干水分，切碎；香葱洗净后切成葱花。
4. 锅中加入清水，煮至沸腾后将粉丝焯烫 1~2 分钟至微微变软后捞出。
5. 在烫粉丝的水中加一点盐，将娃娃菜放入烫 1 分钟，捞出沥干水分。
6. 在盘子底部铺上娃娃菜，在中间放上烫软的粉丝。
7. 炒锅中放入油，大火烧至七成热后放入蒜末炒出香味，加入适量清水、蒸鱼豉油和盐，将汤汁煮开。
8. 将煮好的汤汁均匀地倒在娃娃菜和粉丝上，放入蒸锅蒸 5~8 分钟，出锅后在表面撒上切碎的香葱和朝天椒即可。

 营养贴士

娃娃菜味道甘甜，富含维生素、硒和叶绿素，营养价值丰富，适合一般人群食用。娃娃菜的水分含量丰富，有一定的润喉去燥功效。

豆豉鲮鱼油麦菜

用 罐 头 做 道 菜

🕐 **7min**
烹饪时间

▥ **简单**
难易程度

特色
新手也能轻松做出的美味，不需要调料，借助罐头本身的味道给油麦菜增加滋味，几分钟就可以出锅啦。

主料	油麦菜	300 克
	豆豉鲮鱼罐头	100 克
辅料	油	1 汤匙
	大蒜	20 克
	绵白糖	1/2 茶匙

烹饪秘笈

1. 豆豉鲮鱼罐头本身味道比较咸一些，盐的用量就需要根据自己的口味酌情调整了。
2. 可以提前将油麦菜的梗焯下水，这样更易熟一些。

🌱 **营养贴士**

油麦菜具有低热量、高营养的特点，是生食蔬菜中的上品，有"凤尾"之称，与富含蛋白质、维生素的豆豉鲮鱼搭配，营养更为全面。

做法

1. 将油麦菜去掉根部后掰开，充分清洗干净后，将菜梗和菜叶分别切成 4 厘米左右的段；大蒜去皮，掰成蒜瓣后切成蒜末。
2. 炒锅中放入油，大火烧至七成热后放入蒜末煸炒出香味。
3. 先放入油麦菜梗翻炒半分钟左右，再放入油麦菜叶翻炒至变软。
4. 最后加入豆豉鲮鱼罐头和绵白糖，炒匀即可出锅。

做法

1. 秋葵洗净后切成约 0.5 厘米厚的片；魔芋结用清水清洗几遍去除碱水味。
2. 大蒜去皮，掰成蒜瓣后切成蒜末；朝天椒洗净后控干水分，切成圈。
3. 炒锅中放入油，大火烧至七成热后放入蒜末煸炒出香味。
4. 放入秋葵翻炒 2 分钟左右，加入适量清水防止粘锅。
5. 放入魔芋结和生抽翻炒均匀。
6. 最后加入朝天椒和盐继续翻炒几下，炒匀即可出锅。

 特色 菠菜富含多种营养素，有"营养模范生"之称。这道蛋皮菠菜的做法很简单，属于非常家常和快手的凉拌小菜，清爽的味道很不错哦。

主料	秋葵	250 克
	魔芋结	150 克
辅料	油	1 汤匙
	盐	1/2 茶匙
	生抽	1 茶匙
	大蒜	20 克
	朝天椒	2 个

烹饪秘笈

1. 秋葵要选择嫩的，这样口感比较好。不要炒太久，否则会破坏其营养成分。
2. 秋葵属于寒凉的蔬菜，最好搭配蒜末、辣椒食用，可以稍微平衡它的寒凉。
3. 秋葵炒制过程中会有很多黏液，所以要加一点水来防止粘锅。

🌱 营养贴士

秋葵有蔬菜王之称，其含有的果胶为可溶性纤维，能够滋补身体。魔芋在降血糖血脂、减肥、养颜等方面有一定功效，是健康食品。

秋葵魔芋结

减 肥 的 好 选 择

🕐 10min 烹饪时间　　☰ 简单 难易程度

韭菜鱿鱼花

就爱这样鲜美的味道

 特色 稍微花点小心思，给鱿鱼打上花刀，一下锅就变成了漂亮的鱿鱼花，看着鱿鱼花在锅中翻滚，心情也会变得愉快起来。

 20min 烹饪时间

简单 难易程度

主料

鱿鱼	350 克
韭菜	50 克
红甜椒	50 克

辅料

油	1 汤匙
香葱	1 根
盐	1/2 茶匙
大蒜	20 克
料酒	2 茶匙
生姜	10 克

烹饪秘笈

1. 韭菜翻炒几下就可以了，菜的热量会让韭菜变熟。

2. 在鱿鱼的内侧切花刀，因其内侧肉质较外面柔软，受热后组织会向质地较硬的外表侧收缩翻卷。

做法

1. 鱿鱼洗净后去掉头部，将身子对半切开，耐心撕去鱿鱼皮。

2. 将鱿鱼身子部分的内侧，轻轻切横斜刀和竖斜刀，然后切成 4 厘米见方的块。

3. 韭菜洗净后控干水分，切成 3 厘米左右的段；香葱洗净后切成 1.5 厘米左右的段；红甜椒洗净后去掉内部的籽，切成 0.3 厘米左右的细丝；大蒜去皮，掰成蒜瓣后切成蒜片；生姜洗净去皮后切成片。

4. 锅中加入清水，煮至沸腾后将鱿鱼放入焯烫成卷后立即捞出。

5. 将鱿鱼卷过凉开水晾凉后，捞出沥干水分。

6. 炒锅中放入油，大火烧至七成热后放入葱段、蒜片和姜片爆炒出香味。

7. 放入鱿鱼和红甜椒丝翻炒半分钟左右，加入料酒和盐调味并炒匀。

8. 最后加入韭菜翻炒几下即可出锅。

 营养贴士

鱿鱼是营养价值很高的海产品，富含蛋白质和微量元素，其中含有的大量牛磺酸，对抑制血液中的胆固醇含量有一定的帮助。

椒丝腐竹

豆 子 的 香 味

特色 腐竹中谷氨酸含量比较高，具有良好的健脑作用。腐竹做法多样，可荤可素，可烧可炒，也可凉拌、做汤，属于百搭食材。

10min
烹饪时间（不含泡发时间）

简单
难易程度

主料

腐竹	100 克
青甜椒	50 克
红甜椒	50 克

辅料

油	1 汤匙
香葱	1 根
盐	1/2 茶匙
蚝油	1 茶匙

做法

1. 腐竹用温水浸泡 1~2 小时至涨发，捞出后控干水分。

2. 泡发好的腐竹切成 4 厘米左右长的斜段。

3. 青甜椒和红甜椒清洗干净后去掉内部的籽，切成约 0.3 厘米宽的丝；香葱洗净后控干水分，切成 2 厘米左右的小段。

4. 炒锅中放入油，大火烧至七成热后放入香葱段煸炒出香味。

5. 改为小火，放入腐竹慢炒至发干并变黄，加入盐和蚝油调味。

6. 放入青甜椒丝和红甜椒丝翻炒半分钟左右，炒匀即可出锅。

烹饪秘笈

1. 想要色泽更鲜亮，可以用一点水淀粉勾芡。

2. 喜欢吃辣的，可以在炝锅的时候放几颗干辣椒。

3. 注意掌握火候和翻炒时间，防止翻炒时间过久腐竹变碎。

 营养贴士

腐竹是用豆浆经加热煮沸后表面形成的一层薄膜干燥后制成。其营养价值较高，含有丰富的蛋白质、纤维素和钙，适合大众人群食用。

蒜蓉手撕茄子

低油的茄子也很香

▶ **30**min
烹饪时间

= **简单**
难易程度

特色 提起茄子，好像总是要多放油才好吃。而这款手撕茄子，虽然用油少，但是味道却一点都不差哦。

主料	长茄子	400 克
辅料	盐	1/2 茶匙
	绵白糖	1/2 茶匙
	生抽	2 茶匙
	大蒜	25 克
	剁椒酱	2 茶匙
	香葱	1 根
	芝麻油	2 茶匙

烹饪秘笈

1. 茄子也可以放在微波炉里加热，4~5 分钟就可以了。

2. 茄子尽量撕得细一些，这样比较容易让酱汁的味道进入。

做法

1. 长茄子洗净后放入盘中，香葱洗净后控干水分，切成葱花；大蒜去皮，掰成蒜瓣后切成蒜末。

2. 蒸锅中加水烧开后，将茄子放入，蒸 20 分钟左右至熟透。

3. 将盐、生抽、绵白糖放入碗中，加入适量纯净水调成汁。

4. 蒸好的茄子晾凉后用手撕成长条摆放在盘中。

5. 锅内放入芝麻油，中火烧至六成热后放入蒜末、剁椒酱煸炒出香味。

6. 先将调好的酱汁均匀地浇在茄子上，再淋上炒好的油料，最后撒上葱花拌匀即可食用。

🌿 **营养贴士**

茄子是比较大众和家常的蔬菜，其含有的能够降低胆固醇的物质，对身体保健有一定的功效。

第三章
03

酸辣开胃小菜

偶尔会有点没有胃口，此时，若来一口酸辣菜，让嘴巴感受到酸与辣的双重刺激，就能够立刻打开我们的味蕾，轻松秒杀一切没食欲的感觉。酸辣的小菜，是让人欲罢不能的诱惑，是让人淋漓痛快的刺激，就这样沉浸在酸辣的美味中吧！

酸辣蕨根粉

有 地 方 特 色 的 小 菜

特色 其貌不扬的蕨根粉有着柔韧的口感和独特的味道，调上酸与辣的味道，是一道绝佳的开胃小凉菜。

15min
烹饪时间

简单
难易程度

做法

1. 锅中加水烧开，放入蕨根粉煮5分钟左右至蕨根粉中间没有硬芯。
2. 煮好的蕨根粉捞出后过凉开水，捞出后控干水分。
3. 大蒜去皮，掰成蒜瓣后切成蒜末；小米椒洗净控干水分后，切成圆圈状；香菜洗净后切成2厘米左右的段。
4. 将生抽、米醋、芝麻油放入碗中，加入盐、绵白糖、蒜末搅拌均匀调成汁。
5. 将晾凉的蕨根粉放入容器中，倒入调好的料汁拌匀。
6. 装盘后在蕨根粉表面撒上小米椒和香菜即可。

主料

蕨根粉	200 克

辅料

生抽	2 茶匙
绵白糖	1/2 茶匙
盐	1/2 茶匙
米醋	1 汤匙
小米椒	3 个
大蒜	20 克
芝麻油	2 茶匙
香菜	1 棵

烹饪秘笈

1. 蕨根粉煮好后放入凉开水中过凉时，要用筷子挑开防止黏连在一起。
2. 调好的蕨根粉稍微冷藏腌制一会儿会更加入味。

营养贴士

蕨根粉是从蕨菜根中提炼出来的淀粉，保留了蕨菜根中的大部分营养成分，具有清热、消脂降压等功效。

口水鸡

想起来就要流口水

 特色 川菜中的经典凉菜。其丰富的佐料和集麻辣鲜香嫩爽于一身的味道，成就了口水鸡的经典地位。

 30min
烹饪时间

 中级
难易程度

做法

1. 鸡腿充分清洗干净后控干水分；大葱切成 3 厘米左右的葱段；生姜洗净去皮后切成片；大蒜去皮，掰成蒜瓣后切成蒜末；香菜洗净并控干水分后，切成 1.5 厘米左右的段。

2. 锅中加入适量水，以没过鸡腿为宜，加入大葱段、姜片，一半盐和一半花椒，将鸡腿放入煮 20 分钟左右至熟透。

3. 煮熟的鸡腿捞出后浸泡在冰水中。

4. 另起一锅加入油，小火烧至六成热后放入剩余花椒，煸炒至出现香味后将花椒捞出不用。

5. 将花椒油继续烧热后，倒入盛有辣椒粉的小碗中，加入蒜末、生抽、米醋、绵白糖、盐、蚝油、料酒和适量鸡汤调成料汁。

6. 利用锅中的底油将花生小火炒熟，晾凉后去掉外皮压碎。

7. 浸泡在冰水中的鸡腿捞出后控干水分，剔去骨头，切成块状码在盘中，浇上酱汁。

8. 最后在表面撒上熟白芝麻、花生碎和香菜即可。

主料	
鸡腿	2 只

辅料	
绵白糖	1/2 茶匙
大葱	半根
盐	1 茶匙
大蒜	15 克
料酒	2 茶匙
生姜	15 克
香菜	1 根
花生	约 20 粒
油	4 茶匙
辣椒粉	1 茶匙
花椒	1 茶匙
米醋	2 茶匙
蚝油	1/2 茶匙
熟白芝麻	10 克
生抽	1 茶匙

烹饪秘笈

1. 煮好的鸡腿要放入冰水中浸泡，这样鸡肉的口感会劲道爽脆。

2. 料汁中各种调料的比例可以根据自己的喜好和口味进行适当调整。

 营养贴士

鸡肉是比较适合冷食凉拌的肉类之一，其中的维生素、蛋白质含量较高且种类较多，易于被人体吸收，有益气补虚、增强体质的功效。

肉末酸豆角

就 爱 这 一 口 酸 爽

特色 简单易购的原料，简单的做法，酸辣又开胃的味道，让这道小菜轻松俘获很多人的心。

15min
烹饪时间（不含腌制时间）

简单
难易程度

主料

酸豆角	250 克
五花肉	150 克

辅料

油	1 汤匙
生抽	2 茶匙
大蒜	15 克
生姜	10 克
干辣椒	5 个
香葱	1 棵
淀粉	5 克
料酒	1 汤匙

烹饪秘笈

1. 有的酸豆角会比较咸，可以多浸泡一段时间去除盐分，或者根据自己的口味酌情调整盐的用量。

2. 肉末腌制的时候加一点淀粉口感会更嫩一些。

3. 酸豆角不要炒太久，否则口感会酸一些。

做法

1. 五花肉洗净后控干水分，剁成肉末后放在大碗中。

2. 在肉末中加入生抽、料酒、淀粉搅拌均匀，腌制 15 分钟左右。

3. 香葱洗净后切成葱花；大蒜去皮，掰成蒜瓣后切成蒜末；干辣椒切成小段；生姜洗净去皮后切成片。

4. 酸豆角洗净后用清水浸泡片刻，去除部分盐分，以免味道过咸。

5. 浸泡好的酸豆角切成 1 厘米左右的丁。

6. 锅中放油，大火烧至七成热后，放入蒜末、姜片、葱花、干辣椒段煸炒出香味。

7. 放入腌制好的肉末煸炒至颜色发白后盛出。

8. 放入酸豆角煸炒 1~2 分钟，加入炒熟的肉末，炒匀即可出锅。

 营养贴士

肉末和酸豆角都含有丰富的蛋白质、碳水化合物及多种维生素，酸豆角的酸味还能够促进消化，增强食欲。

泡椒凤爪

越 吃 越 过 瘾

特色 鸡爪经过泡椒的浸泡之后变得滋味十足，纵使吃得满头大汗也欲罢不能。

30min
烹饪时间（不含浸泡时间）

简单
难易程度

主料

鸡爪	400 克

辅料

泡椒（带汤汁）	200 克
胡萝卜	半根
盐	1 茶匙
大葱	半根
生姜	15 克
大蒜	30 克
花椒	1 茶匙
料酒	1 汤匙
白醋	2 汤匙
八角	2 个
桂皮	1 段

做法

1. 鸡爪去掉指甲后清洗干净；大葱洗净后切成 3 厘米左右的段；生姜洗净去皮后切成片；大蒜去皮，瓣成蒜瓣后切成蒜片；胡萝卜洗净去皮后切成 1 厘米见方、4 厘米长的条状。

2. 锅中加入适量清水，加入葱段、姜片、料酒后放入鸡爪，中火煮开 10~15 分钟至鸡爪熟透。

3. 煮好的鸡爪捞出后放在凉开水中过凉，捞出控干水分后，将鸡爪斜切成两段。

4. 另起一锅加入少量清水，加入白醋、花椒、八角、桂皮、盐煮开。

5. 冷却后的汤汁加入蒜片、泡椒及泡椒汁放在保鲜盒中。

6. 将煮好的鸡爪和胡萝卜放入汤汁中，将保鲜盒密封后放入冰箱冷藏 1~2 天入味即可。

烹饪秘笈

1. 鸡爪不要煮烂了，根据鸡爪的大小不同，水开后煮 10~15 分钟即可。

2. 如果喜欢吃辣，可以增加泡椒的用量或者把泡椒切开。

3. 家里有柠檬汁的话，可以挤一点放到泡椒汁中，使泡椒凤爪的味道更清香。

 营养贴士

鸡爪中含有丰富的钙质及胶原蛋白，具有一定的美容功效，经过泡椒浸泡入味后，能够增进食欲。

酸汤肥牛

酸 汤 更 开 胃

特色 嫩滑的肥牛搭配金黄酸辣的汤汁，每一口都是
那么让人满足。最后剩下的汤汁也不能浪费，
泡上一碗米饭，简直不能再棒啦。

15min
烹饪时间

中级
难易程度

主料

肥牛	250 克
金针菇	150 克

辅料

油	1 汤匙
黄灯笼辣椒酱	100 克
盐	1/2 茶匙
杭椒	1 根
小米椒	3 个
大蒜	20 克
生姜	10 克
料酒	2 茶匙
陈醋	2 茶匙
白胡椒粉	1/2 茶匙

烹饪秘笈

1. 加入黄灯笼辣椒酱是制作这道菜的关键，金灿灿的汤汁就靠它了。

2. 肥牛片烫熟即可，不要久煮，否则口感变老不好吃。

3. 如果家里有高汤的话，用来替代清水，味道会更加鲜美。

做法

1. 金针菇切掉根部，撕开并洗净，控干水分。

2. 生姜洗净去皮后切成片；大蒜去皮，掰成蒜瓣后切成蒜末；杭椒和小米椒洗净后控干水分，切成圈。

3. 锅中备适量凉水，放入肥牛煮开后，将汤汁表面的浮沫撇去，捞出肥牛沥干水分。

4. 另换一锅水烧开后，放入金针菇煮 2 分钟，捞出控干水分后，铺在大碗底部备用。

5. 炒锅中加入油，大火烧至七成热后放入姜片、蒜末爆炒出香味。

6. 放入黄灯笼辣椒酱煸炒出香味，加入适量清水和盐、料酒、陈醋、白胡椒粉煮开。

7. 放入焯好的肥牛煮半分钟左右。

8. 最后加入杭椒和小米椒，将肥牛汤倒入盛有金针菇的大碗中即可。

营养贴士

牛肉不仅美味，还含有丰富的蛋白质、矿物质和维生素，其中的氨基酸含量也比较均衡，是一种健康的食品。

酸辣藕丁

脆 爽 又 开 胃

特色 莲藕有着丰富的营养，其脆爽的口感也是受人欢迎的原因之一。这道酸辣藕丁，脆爽酸辣，十分开胃。

10min
烹饪时间

简单
难易程度

主料

莲藕	350 克

辅料

油	1 汤匙
干辣椒	5 个
盐	1/2 茶匙
香葱	1 根
大蒜	15 克
生抽	1 茶匙
蚝油	1 茶匙
陈醋	2 茶匙
绵白糖	1/2 茶匙

烹饪秘笈

要采用嫩藕来做，并清洗几遍去掉多余的淀粉，这样口感才更脆。焯过水的藕丁过凉水也会使口感更脆。

做法

1. 莲藕洗净后，用削皮刀削去皮，切成约 1.5 厘米见方的丁。

2. 用清水将藕丁清洗几遍，去掉多余的淀粉，然后浸泡到清水中隔绝空气防止氧化。

3. 香葱洗净后切成葱花；大蒜去皮，掰成蒜瓣后切成蒜末；干辣椒切成段。

4. 锅中备适量凉水，煮开后放入藕丁焯 1~2 分钟，捞出控干水分。

5. 将生抽、蚝油、陈醋放入小碗中，加入盐、绵白糖搅拌溶化，调成汁备用。

6. 炒锅内放入油，大火烧至七成热后放入蒜末、干辣椒段和一半香葱煸炒出香味。

7. 放入藕丁翻炒半分钟左右，倒入料汁翻炒均匀。

8. 待汤汁浓稠后出锅盛盘，撒上剩下的葱花即可。

营养贴士

一般人群皆可食用莲藕，其中含有的多酚类化合物、过氧化物酶，可以帮助清除人体内的"垃圾"，让身体更加健康。

剁椒金针菇

蒸 一 道 美 味

10min 烹饪时间　**简单** 难易程度

特色

适合上班族的快手菜，简简单单的食材蒸一下，一道美味就上桌了。有客人来的时候，也不妨来制作这道菜，让客人给你点个大大的赞吧！

主料	金针菇	350 克
辅料	剁椒酱	30 克
	蒸鱼豉油	1 汤匙
	米醋	2 茶匙
	芝麻油	1 汤匙
	香葱	1 棵

烹饪秘笈

1. 剁椒酱和蒸鱼豉油都有一定的盐分，所以没有再加盐。如果喜欢吃咸一点的，可以加入适量的盐调味。

2. 金针菇洗净后要控干水分，否则蒸的过程中汤汁会更多。

做法

1. 金针菇切掉根部，撕开并洗净，控干水分。

2. 香葱洗净后控干水分，切成葱花；将蒸鱼豉油和米醋倒入小碗中调成汁。

3. 将金针菇摆放在盘中，表面撒一层剁椒酱，放入大火烧开水的蒸锅中蒸 5 分钟左右，倒出盘子中的汤汁。

4. 在金针菇表面撒上葱花，将蒸鱼豉油和米醋汁淋在金针菇表面，最后将芝麻油烧热后，用勺子淋在金针菇表面即可。

🌱 营养贴士

金针菇具有很好的保健作用，富含氨基酸，尤其是赖氨酸的含量特别高，具有促进儿童智力发育的作用。

做法

1. 豌豆淀粉中加入 120 毫升水调成糊状。

2. 小煮锅中加入 360 毫升清水，加热至沸腾后转小火，倒入淀粉糊，不停搅拌至淀粉糊变成透明状。

3. 将淀粉糊倒入长方形容器中晾凉至成型后，切成 1 厘米见方、6 厘米长的条状。

4. 黄瓜洗净后用擦丝器擦成细丝；油炸花生米去掉外面的红皮后用擀面杖压碎；香葱洗净后切成葱花。

5. 将辣椒油、米醋倒入小碗中，加入盐、辣椒酱、绵白糖调成汁。

6. 将凉粉和黄瓜丝放在容器中，浇上调好的料汁，将花生碎和葱花撒在凉粉表面即可。

特色 爽滑的凉粉有着清凉的口感，搭配酸辣的酱汁，解暑又解馋。这样一道街头随处可见的小吃，其实做法并不难，自己在家里也能轻松做出来哦。

主料	豌豆淀粉	60 克
辅料	清水	480 毫升
	盐	1/2 茶匙
	辣椒酱	1 茶匙
	绵白糖	1/2 茶匙
	辣椒油	2 茶匙
	米醋	1 汤匙
	油炸花生米	30 克
	香葱	1 根
	黄瓜	半根

烹饪秘笈

1. 凉粉的酱汁可以根据自己的口味进行调整。

2. 豌豆淀粉也可以换成绿豆淀粉。

营养贴士

豌豆凉粉清凉爽滑，有开胃作用。豌豆中含有比较多的微量元素和维生素，具有调和肠胃、抗菌消炎等功效。

酸辣豌豆凉粉

街 头 小 吃 自 己 做

🕐 **15min** 烹饪时间（不含晾凉时间）   **简单** 难易程度

酸辣海带丝

营 养 丰 富 好 味 道

特色　海带味道鲜美，含有丰富的碘等矿物质元素，营养价值很高，有"长寿菜""海上之蔬""含碘冠军"的美誉。

10min
烹饪时间

简单
难易程度

主料

海带丝	300 克

辅料

油炸花生米	40 克
小米椒	2 个
香葱	1 棵
大蒜	20 克
芝麻油	1 茶匙
盐	1/2 茶匙
辣椒油	2 茶匙
米醋	2 茶匙

做法

1. 锅中加入清水，沸腾后将洗净的海带丝放入，焯烫1 分钟左右捞出。
2. 焯好的海带丝在凉开水中过凉，捞出控干水分备用。
3. 香葱洗净后切成葱花；大蒜去皮，掰成蒜瓣后切成蒜末；小米椒洗净后切成圈；油炸花生米去掉外面的红衣后用擀面杖压碎。
4. 将芝麻油、辣椒油、米醋倒入小碗中，加入盐、蒜末调成汁。
5. 将海带丝放入大碗中，加入料汁拌匀。
6. 最后撒上花生碎、小米椒、葱花拌匀即可。

烹饪秘笈

1. 可以根据自己的口味，少加一点白糖提鲜。
2. 海带焯烫后过一下凉开水会保持口感的脆爽。
3. 如果买来的是盐渍海带丝，需要反复清洗浸泡去除盐分，并根据自己的口味调整盐的用量。

 营养贴士

海带除了富含人们所熟知的碘和钾之外，还含有大量的不饱合脂肪酸及食物纤维，能够帮助降低体内胆固醇和促进消化。

爽口豆芽

脆 嫩 多 汁 的 滋 味

特色 绿豆发芽的过程中，部分蛋白质会分解为人体所需的各种氨基酸，营养价值比绿豆要丰富许多，对身体健康很有帮助。

10min
烹饪时间

简单
难易程度

主料

绿豆芽	350 克
胡萝卜	50 克

辅料

油	1 汤匙
米醋	2 茶匙
盐	1/2 茶匙
绵白糖	1/2 茶匙
花椒	1 茶匙
干辣椒	4 个
大蒜	20 克
香葱	1 棵

做法

1. 绿豆芽去掉根须，在清水中浸泡洗净，去掉浮在表面的绿豆皮。

2. 胡萝卜洗净后去皮，用擦丝器擦成丝；大蒜去皮，掰成蒜瓣后切成蒜末；干辣椒切成段；香葱洗净后只用香葱叶，切成葱花。

3. 锅中备一锅凉水烧开，放入绿豆芽焯半分钟左右。

4. 焯好的绿豆芽捞出，过凉开水过凉，捞出沥干水分。

5. 将绿豆芽和胡萝卜丝放入容器中，加入盐、绵白糖、米醋、蒜末拌匀。

6. 锅中倒入油，油热后加入花椒和干辣椒煸炒出香味后，将热油淋入刚才调好的菜上，最后撒上葱花，拌匀即可。

烹饪秘笈

1. 锅中油热后可以先放花椒，出香后将花椒捞出再煸干辣椒，这样就避免了菜里面吃到花椒的问题。

2. 不喜欢直接吃生胡萝卜丝的话，可以将胡萝卜丝放入水中焯一下。

 营养贴士

绿豆芽具有较高的食用和药用价值，其能量较低，含有丰富的膳食纤维，能够促进胃肠蠕动，在减肥方面具有一定的功效。

红油肚丝

宴 客 小 冷 盘

特色 此菜具有红润鲜亮的色泽。脆爽的肚丝搭配清香的黄瓜，让人食欲大开。宴客的时候，加上这样一道小冷盘，能给餐桌增色不少。

25min
烹饪时间

中级
难易程度

主料

猪肚	500 克
黄瓜	半根

辅料

大葱	半棵
生姜	15 克
八角	3 个
桂皮	1 段
花椒	1 茶匙
盐	1/2 茶匙
绵白糖	1/2 茶匙
生抽	2 茶匙
米醋	1/2 茶匙
辣椒油	1 汤匙
大蒜	20 克
香菜	1 根
油炸花生仁	30 克
熟白芝麻	15 克
面粉	适量

烹饪秘笈

1. 煮猪肚的时候不要加盐，否则容易变老影响口感。

2. 可以选择牛肚或者羊肚来替代猪肚。

 营养贴士

猪肚是猪的胃部，含有比较丰富的蛋白质、维生素和矿物质，能够补虚损，健脾胃，增强体质。

做法

1. 猪肚剪开，清理掉表面肥油后，撒一些面粉，反复揉搓表面和内部，洗净后再用盐（分量外）反复揉搓两遍清洗彻底。

2. 锅中备水，烧开后放入猪肚煮开，将表面的浮沫撇去，捞出猪肚再次清洗干净。

3. 大葱洗净后切成 3 厘米左右的段；生姜洗净去皮后切成片；大蒜去皮，掰成蒜瓣后切成蒜末；油炸花生米去掉外面的红衣后，用擀面杖压碎；香菜洗净后控干水分，切成 1.5 厘米左右的段。

4. 高压锅中加水，放入葱段、姜片、八角、桂皮、花椒和猪肚，关上盖子压制 15 分钟左右。

5. 高压锅放气后，打开盖子，用筷子插一下猪肚，可以轻松穿过即熟透。

6. 猪肚晾凉后切成约 0.7 厘米宽的条。黄瓜洗净后用擦丝器擦成丝备用。

7. 将猪肚和黄瓜丝放入盆中，加入盐、绵白糖、生抽、米醋、辣椒油、蒜末拌匀。

8. 最后加入花生碎、熟白芝麻和香菜拌匀即可食用。

酸辣猪手

补 充 点 胶 原 蛋 白

特色 很多人都喜欢猪手的美味，肥而不腻，入口浓香，咬一口满满的胶原蛋白，比大口吃肉要过瘾许多。

40min
烹饪时间

中级
难易程度

做法

1. 去除猪前蹄上面的浮毛，用清水洗净并沥干水分，用刀剁成小块。

2. 锅中备凉水，放入猪蹄，大火煮开后去除汤水中的浮沫，将猪蹄捞出冲洗干净备用。

3. 大葱洗净后切成3厘米左右的葱段；生姜洗净去皮后切成片；朝天椒洗净后切成圈；油炸花生仁去掉外面的红衣后，用擀面杖压碎；香菜洗净后控干水分，切成约1.5厘米的段。

4. 高压锅中放入猪蹄，加入能够没过猪蹄的清水，在水中放入葱段、姜片、八角、桂皮、花椒、冰糖、老抽、料酒和5克盐，关盖压制约20分钟。

5. 米醋、辣椒油和盐放在小碗中调成汁。

6. 高压锅放气后，将炖好的猪蹄捞出，控干水分并晾凉后放入容器中。

7. 将调好的料汁淋在猪蹄上搅拌均匀。

8. 最后撒上朝天椒、花生碎和香菜拌匀即可。

主料

猪前蹄	2只

辅料

八角	3个
大葱	半根
盐	8克
桂皮	1段
料酒	3茶匙
生姜	15克
香菜	1根
油炸花生仁	40克
冰糖	10克
朝天椒	5个
花椒	1茶匙
米醋	3茶匙
老抽	2茶匙
辣椒油	5茶匙

烹饪秘笈

1. 如果买来的是整只的猪蹄，家里又不方便剁的话，可以在煮完之后剔除骨头再切成小块。

2. 炖好的猪蹄可以放入冰水中冷却，这样口感更好。

 营养贴士

猪蹄很受大众喜爱，其中含有较多的蛋白质、矿物质和维生素等有益成分，还富含胶原蛋白，对身体有一定的滋补作用。

泡椒酸菜鱼

酸　辣　鱼　香　浓

特色 汤清味重，看起来很清淡的汤，吃起来却酸辣过瘾。鲜嫩的鱼肉伴随着酸辣的清汤，全身的神经似乎都被调动起来了。

30min
烹饪时间(不含腌制时间)

中级
难易程度

主料

草鱼	1 条
酸菜	200 克

辅料

红泡椒	30 克
大葱	半棵
生姜	10 克
大蒜	30 克
料酒	1 汤匙
油	1 汤匙
盐	1 茶匙
淀粉	5 克
白胡椒粉	5 克

做法

1. 草鱼去鳞去鳃，除去内脏及其肚子里的黑膜，清洗干净并剁去鱼头。

2. 将鱼身沿着鱼骨横切，剔除鱼骨后斜切，将鱼肉片成 0.5 厘米左右的薄片。

3. 将鱼肉放入大碗中，加入料酒、一半盐和淀粉，抓匀后腌制 15 分钟。

4. 酸菜洗净后切成小块；大葱洗净后斜切成小段；大蒜去皮，掰成蒜瓣后切成蒜片；生姜洗净去皮后切成丝；红泡椒切成小段。

5. 锅内倒入油，约七成热后放入葱段、蒜片、姜丝、红泡椒和酸菜煸炒至出香味。

6. 然后加入适量清水，以能没过鱼片为准，加入白胡椒粉和剩下的盐煮开后，加入腌好的鱼片，煮至鱼片变白即可出锅。

烹饪秘笈

1. 酸菜本身味道比较咸的话，可以少加或者不加盐，如果口味比较重，可根据自己添加的水量，对加入盐的量进行调整。

2. 切鱼片的时候，可以在鱼身下垫一张厨房纸防止打滑切不好。要尽量选择锋利的刀切鱼片，这样出来的鱼片才会薄。

营养贴士

草鱼肉质鲜嫩，含有丰富的不饱和脂肪酸和硒元素，对人体的心血管系统有一定的保护作用，同时也有开胃、滋补的功效。

豉椒娃娃菜

咸鲜辣的美妙滋味

 特色　脆嫩的娃娃菜加入豆豉煸炒以后的味道更加鲜美，泡椒和辣椒又给脆爽的娃娃菜增添了令人直呼过瘾又欲罢不能的滋味。

15min
烹饪时间

简单
难易程度

主料

娃娃菜	2 棵

辅料

油	1 汤匙
豆豉酱	25 克
绵白糖	1/2 茶匙
泡椒	5 个
干辣椒	3 个

做法

1. 娃娃菜洗净后控干水分，将根部切去一部分，从中间竖着一分为二切成两半。

2. 每一半的娃娃菜再竖着切两刀，将其分成三条。

3. 泡椒和干辣椒切成两段。

4. 锅内倒入油，约七成热后放入泡椒和干辣椒煸炒出香味。

5. 加入豆豉酱和少量清水煸炒半分钟左右。

6. 放入娃娃菜煸炒至软，最后加入绵白糖调味，炒匀即可出锅。

烹饪秘笈

娃娃菜的根部不要全部切掉，否则切开后会散开。提前烫一下娃娃菜，能够缩短煸炒时间，但不要烫过久，否则口感变软不好吃。

 营养贴士

鲜嫩可口的娃娃菜，富含维生素、硒和叶绿素，具有养胃生津、清热解毒的功效。搭配泡椒和辣椒的辛辣味道,能够刺激味蕾,增进食欲。

剁椒虾球

虾 仁 也 疯 狂

 特色　当嫩滑的虾仁遇上剁椒，迸发出的味道会让你感到惊喜，原来平时低调的虾仁也有这么让人疯狂的时刻。

20min
烹饪时间（不含腌制时间）

简单
难易程度

做法

1. 鲜虾去掉虾头，从背部用剪刀或者刀子划开一道，去掉虾线，剥去虾壳。

2. 将剥好的虾仁清洗干净后，控干水分放入碗中，加入淀粉和料酒抓匀，腌制 15 分钟左右。

3. 香葱洗净后取葱叶部分，切成葱花；大蒜去皮，掰成蒜瓣后切成蒜末；泡椒切成小段。

4. 锅内倒入油，约七成热后放入蒜末爆炒出香味。

5. 放入泡椒、剁椒酱翻炒几下后，加入少量清水烧开。

6. 放入虾仁煸炒至卷曲变红，加入绵白糖调味，出锅前撒上葱花炒匀即可。

主料

鲜虾	500 克

辅料

绵白糖	1/2 茶匙
剁椒酱	1 汤匙
大蒜	20 克
料酒	1 汤匙
泡椒	4 个
香葱	1 根
油	1 茶匙
淀粉	10 克

烹饪秘笈

虾仁最好用鲜虾现剥出来的，不要用冷冻虾仁。虾仁清洗后用厨房纸吸干水分再进行腌制，这样会更容易入味。

 ## 营养贴士

虾仁肉质松软易消化，属于蛋白质含量很高的食品，其脂肪含量较低，镁的含量较高，对保护心血管系统有很好的作用。

蒜拍黄瓜

人 人 喜 爱 的 大 众 菜

特色 简单到不能再简单，经典到不能再经典的大众菜，吃烤串的时候来一盘，喝扎啤的时候来一盘，涮火锅的时候来一盘，似乎特别受欢迎呢。

8min
烹饪时间

简单
难易程度

主料

黄瓜	2 根

辅料

绵白糖	1/2 茶匙
生抽	1 茶匙
盐	1/2 茶匙
大蒜	15 克
米醋	2 茶匙
干辣椒	5 个
芝麻油	2 茶匙
红油	1 茶匙

烹饪秘笈

1. 可以根据自己的口味和喜好，加一点蚝油提鲜。

2. 家里如果有油炸花生仁的话，可以压碎放上一些，味道会更香。

做法

1. 黄瓜洗净后，控干水分，用刀背将黄瓜拍扁。
2. 将拍扁的黄瓜切成 3 厘米左右长的小段；大蒜去皮，掰成蒜瓣后切成蒜末；干辣椒切成两半。
3. 将生抽、米醋放入小碗中，加入蒜末、盐、绵白糖调成料汁。
4. 将黄瓜块放入容器中，加入料汁拌匀。
5. 锅内倒入芝麻油，约六成热后放入干辣椒煸炒至出香味。
6. 最后将辣椒油、红油淋入黄瓜中，拌匀即可。

 营养贴士

黄瓜含有丰富的维生素，其中含有的黄瓜酶，能够促进机体的新陈代谢。黄瓜中含有的纤维素可以促进人体肠道蠕动，对降低胆固醇也有一定的功效。

蒜泥白肉

吃 肉 有 讲 究

特色
"吃肉不吃蒜，营养减一半"，这句俗语相信很多人都听过。大蒜中的大蒜素能与瘦肉中的维生素 B₁ 结合，使其从水溶性变为脂溶性从而更好地为人体吸收，由此看来，这道蒜泥白肉，不仅美味，还蕴藏着智慧呢。

30min
烹饪时间

简单
难易程度

主料

五花肉	150 克
黄瓜	半根

辅料

绵白糖	1/2 茶匙
大葱	半棵
盐	1/2 茶匙
大蒜	25 克
生姜	10 克
八角	2 个
花椒	1 茶匙
熟白芝麻	10 克
辣椒油	2 汤匙
香葱	1 棵

做法

1. 大葱洗净后切成 3 厘米左右的段；生姜洗净去皮后切成薄片；大蒜去皮，掰成蒜瓣后切成蒜末；香葱洗净后取葱叶，切成葱花备用。

2. 锅中放凉水，放入五花肉大火烧开后撇去表面的浮沫。然后加入大葱段、姜片、八角、花椒，转中火煮 20 分钟左右至五花肉熟透。

3. 五花肉捞出晾凉后，切成长约 6 厘米、宽约 3 厘米、厚约 0.2 厘米的薄片。黄瓜用刨刀刨成差不多大小的长薄片。

4. 一片五花肉包一片黄瓜略微卷起摆放在盘中。

5. 将辣椒油放在小碗中，加入蒜末、盐、熟白芝麻、绵白糖搅拌均匀调成汁。

6. 将料汁浇在五花肉上面，最后撒上香葱花即可。

烹饪秘笈

1. 不喜欢放太多辣椒油的，可以在料汁中加一点肉汤代替辣椒油。

2. 五花肉晾凉后放入冰箱冷藏一会儿，更容易切得薄一些。

营养贴士

猪肉含有丰富的优质蛋白质、维生素和必需的脂肪酸，有解热功能，对肾气虚弱、缺铁性贫血有一定的改善作用。

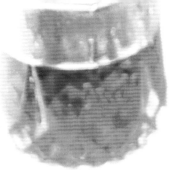

鱼香肉丝

其 实 没 有 鱼

特色 曾经以为鱼香肉丝是跟鱼有关的，结果发现原来菜的名字也会骗人，不过吃过一次就爱上了它的味道，百吃不厌。

20min
烹饪时间（不含泡发时间）

中级
难易程度

主料

里脊肉	200 克
胡萝卜	半根
青甜椒	1 个

辅料

黑木耳	7 克
淀粉	5 克
油	5 茶匙
郫县豆瓣酱	1 汤匙
大蒜	15 克
生抽	2 茶匙
料酒	2 茶匙
米醋	2 茶匙
绵白糖	2 茶匙

做法

1. 干木耳提前用温水泡发约 2 小时，洗净并切成 0.3 厘米左右的丝；里脊肉洗净控干水分后，切成 0.5 厘米左右的丝；胡萝卜洗净去皮后，用擦丝器擦成丝；青甜椒洗净去掉里面的籽，切成 0.3 厘米左右的丝；大蒜去皮，掰成蒜瓣后切成蒜末。

2. 里脊肉丝放入大碗中，加入料酒和淀粉，抓匀后腌制 15 分钟。

3. 将生抽、绵白糖、米醋放入小碗中，加入适量纯净水调成鱼香汁。

4. 锅内加适量水，煮至沸腾后将黑木耳丝煮 2 分钟左右，捞出后过凉水过凉，控干水分。

5. 另起一锅倒入油，约六成热后加入里脊肉丝滑熟盛出备用。

6. 锅内留底油，放入蒜末爆炒出香味后，加入郫县豆瓣酱炒出红油。

7. 加入胡萝卜丝、青甜椒丝和木耳丝翻炒半分钟左右，倒入调好的鱼香汁煮开。

8. 最后加入里脊丝翻炒均匀即可。

烹饪秘笈

1. 可以在最后用水淀粉勾薄芡，让菜色更加鲜亮。

2. 因为郫县豆瓣酱比较咸，所以就没有加盐，口重的话可以加入适量盐调整。

营养贴士

里脊肉能够滋阴润燥、补肾养血，其中无机盐的含量比较丰富，是维生素的良好来源。但是要注意的是，肥胖和血脂较高的人不宜食用过多。

干煸有机菜花

在 家 做 一 道 饭 店 菜

特色 有机菜花似乎特别适合干煸，散开的花蕾和薄薄的花层很容易入味。如果家里买一套干锅炉具盛放，瞬间就会有在饭店吃这道菜的感觉。

15min
烹饪时间

简单
难易程度

做法

1. 有机菜花洗净，控干水分后择成小朵；五花肉洗净后控干水分，切成小片。

2. 大蒜去皮，掰成蒜瓣后切成蒜片；大葱切斜成片；干辣椒切成小段；青尖椒和红尖椒切成小片。

3. 锅中加适量清水，水开后放入菜花焯1分钟左右，捞出后过凉开水后控干水分。

4. 锅内倒入油，大火烧至七成热后放入葱片、蒜片和干辣椒段爆炒出香味。

5. 放入五花肉大火煸炒，至五花肉颜色变白，油脂逼出。

6. 放入豆瓣酱、有机菜花、青尖椒和红尖椒煸炒至上色均匀，出锅前加入盐和生抽调味炒匀即可。

主料

有机菜花	300克
五花肉	100克
青尖椒	半只
红尖椒	半只

辅料

油	5茶匙
盐	2克
豆瓣酱	20克
大蒜	15克
大葱	半棵
生抽	2茶匙
干辣椒	3个

烹饪秘笈

1. 菜花焯水后已经变熟，所以煸炒时间不宜过久，否则会软烂影响口感。

2. 最好用五花肉而不是瘦肉，因为五花肉在煸炒的过程中会出油，能够让菜的味道更香。

 营养贴士

菜花含有丰富的食物纤维、维生素和矿物质，其质地细嫩，容易被人体吸收消化，能够增强人的体质和抗病能力。

酸辣菠菜粉丝

迅 速 搞 定 一 道 菜

特色 清爽的菠菜烫熟后口感很嫩，搭配爽滑的粉丝
做个酸辣凉拌菜，对于没有食欲的人来说是一
道绝佳的开胃小菜。

10min
烹饪时间

简单
难易程度

主料

菠菜	250 克
粉丝	50 克

辅料

油	1 汤匙
生抽	1 茶匙
大蒜	15 克
盐	1/2 茶匙
朝天椒	2 个
蚝油	2 茶匙
绵白糖	1/2 茶匙
米醋	2 茶匙

烹饪秘笈

1. 焯菠菜的时候可以在水中加入几滴油和一点盐，这样能够保持菠菜颜色鲜亮。
2. 菠菜焯的时候不要时间太久，防止变很软口感不好。

做法

1. 菠菜去根，掰开后清洗干净；大蒜去皮，掰成蒜瓣切成蒜末；朝天椒洗净后切成圈。
2. 将蚝油、生抽、米醋放入小碗中，加入盐、绵白糖调成汁。
3. 锅中加适量清水，水开后放入菠菜焯半分钟左右至变色。
4. 焯好的菠菜捞出后，过凉开水过凉，捞出后控干水分。
5. 另换一锅水，煮开后放入粉丝煮 2~3 分钟至粉丝断生捞出，过凉开水过凉，捞出后控干水分。
6. 将焯好的菠菜和粉丝放入容器中，加入料汁拌匀。
7. 锅中倒入油，七成热后加入蒜末和朝天椒煸炒出香味。
8. 将热好的油倒入菠菜粉丝中，拌匀盛盘即可。

营养贴士

粉丝含有一定的膳食纤维、蛋白质和矿物质。菠菜含有丰富的维生素，尤其是其中含有的铁元素，是人体补充铁元素的较好来源之一。

柠香泡椒藕条

淡　淡　柠　檬　香

特色 酸辣脆爽中带着柠檬特有的香气，虽是一道素
食，劲辣的味道却让人迷恋不已。

15min
烹饪时间（不含腌制时间）

简单
难易程度

做法

1. 莲藕洗净后用削皮刀削皮，切成 1 厘米见方、5 厘米左右长的条状。

2. 藕条清洗几遍去掉淀粉后，放入清水中浸泡以隔绝空气，防止氧化变色。

3. 大蒜去皮，掰成蒜瓣切成蒜片；柠檬洗净后切成约 0.3 厘米的薄片；生姜洗净去皮后切成片；泡椒切成小段。

4. 锅内备凉水，大火烧开后放入藕条焯 2 分钟左右至断生，捞出后过凉开水过凉，控干水分。

5. 将蒜片、姜片、柠檬片、泡椒、泡椒汁、盐、冰糖、白醋放入容器调匀。

6. 将藕条放入拌匀，根据容器中液体的量，加入适量纯净水，以浸泡过藕条为宜，放入冰箱冷藏 1 天左右入味后食用。

主料

莲藕	300 克

辅料

柠檬	半个
泡椒（带汤汁）	150 克
盐	1/2 茶匙
白醋	2 茶匙
生姜	10 克
大蒜	20 克
冰糖	5 克

烹饪秘笈

1. 如果不喜欢入味很重的话，直接拌匀后食用也是可以的。

2. 泡椒切成小段浸泡的话，入味会更足一些。

营养贴士

柠檬含有丰富的柠檬酸和维生素 C，其清新酸爽的味道能够让泡椒藕条吃起来更加美味，也能够激起人们的食欲。

双椒鸭肉

小露一手的宴客菜

特色 鸭肉的营养价值较高，其脂肪分布比较均匀，所以不会很油腻。这道双椒鸭肉加了辣椒，更是给鸭肉增添了滋味，是一道值得一试的宴客菜。

10min
烹饪时间（不含腌制时间）

简单
难易程度

做法

1. 鸭胸脯肉洗净后控干水分，切成 2 厘米见方的小块。

2. 将鸭肉放入容器中，加入五香粉、生抽、料酒、淀粉，
   抓匀后腌制 20 分钟左右。

3. 青尖椒和红尖椒洗净后去掉内部的籽，切成 2 厘米
   见方的小块。大葱洗净后切斜片。

4. 锅内倒入油，大火烧至约七成热后放入花椒和葱片
   爆炒出香味。

5. 放入腌制好的鸭肉爆炒至九分熟。

6. 加入青尖椒、红尖椒继续煸炒半分钟左右，最后加
   入盐调味，炒匀即可出锅。

 营养贴士

鸭肉比较滋补，脂肪含量适中且蛋白质含量较高，
其中丰富的烟酸是构成人体内两种重要辅酶的成分
之一，对保护心脏具有一定的功效。

主料

鸭胸脯肉	350 克
青尖椒	1 个
红尖椒	1 个

辅料

油	1 汤匙
盐	1/2 茶匙
花椒	1 茶匙
料酒	2 茶匙
生抽	2 茶匙
五香粉	2 克
淀粉	5 克
大葱	半根

烹饪秘笈

鸭肉要大火爆炒，不要炒
太久，否则变老口感不好。
喜欢吃辣的话可以加一些
小米椒，辣味更足。

酸辣茄盒

有 滋 有 味 的 茄 子

特色 夹着肉馅的茄子经过油炸以后变得更香，直接吃也是不错的选择。如果再调一点开胃的调料汁，让茄盒外面裹上酸辣的味道，那就更美味了。

40min
烹饪时间

中级
难易程度

主料

长茄子	1 根
里脊肉	150 克

辅料

油	适量
面粉	200 克
盐	2 克
老抽	1 茶匙
料酒	1 茶匙
五香粉	1/2 茶匙
大蒜	25 克
生姜	5 克
辣椒酱	40 克
米醋	2 茶匙
熟黑芝麻	5 克

做法

1. 茄子洗净后去皮，切成 0.7 厘米左右的片，切的时候第一刀不要切到底，第二刀再切到底，这样就可以切出来厚度约 1.5 厘米的茄盒坯。

2. 大蒜去皮，掰成蒜瓣切成蒜末；生姜洗净去皮后切成姜丝。

3. 里脊肉用料理机打成肉糜，加入盐、老抽、料酒、五香粉沿着一个方向搅拌至上劲。

4. 面粉加适量清水调成糊状，面糊稀稠度以勺子倒下刚好流下为佳。

5. 将肉糜塞进茄子片的中间做成茄盒，将茄盒在面糊中过一下，让茄盒两面都裹上面糊。

6. 锅内加入适量油烧至六成热，将茄盒放入，中小火炸至金黄色后，捞出控干油。

7. 另起一锅加入 1 汤匙油，约七成热后放入蒜末、姜丝爆炒出香味后，加入辣椒酱和米醋翻炒均匀。

8. 加入适量清水，煮至汤汁浓稠后将炸好的茄盒放入轻轻翻匀，装盘后撒上熟黑芝麻即可。

烹饪秘笈

1. 肉糜中可以加一点蔬菜，比如可以将莲藕、胡萝卜等蔬菜切碎加入，味道也是很棒的。

2. 如果怕油太多的话，可以用平底锅将茄盒煎熟。

3. 面粉糊中可以加一个蛋黄，这样做出来的炸茄盒颜色更漂亮。

 营养贴士

茄子能够在一定程度上辅助降低血压、血脂和保护心血管，但是茄子也属于寒凉性质的食物，有消化不良、脾胃虚寒等症状的人不宜多吃。

红油蒜泥肘花

爱 上 这 种 滋 味

特色 北方人提到肘子，总是会有种大口吃肉的畅快感，而南方菜系的这道肘花则显得相对秀气一些了。切得薄薄的肘花搭配酱汁，小口小口吃，更有滋味。

60min
烹饪时间

中级
难易程度

主料

猪肘	1 个

辅料

八角	3 个
大葱	半根
大蒜	25 克
桂皮	1 段
料酒	2 茶匙
盐	1 茶匙
生姜	15 克
香菜	1 根
辣椒油	1 汤匙
绵白糖	1/2 茶匙
小米椒	2 个
花椒	1 茶匙
米醋	1 茶匙
生抽	1 茶匙

做法

1. 猪肘清洗干净后控干水分；大葱洗净后切成葱段；生姜洗净去皮后切成薄片；大蒜去皮，掰成蒜瓣切成蒜末；小米椒切成圈；香菜切成约 1.5 厘米长的段。

2. 备一锅凉水，放入猪肘后大火煮开，去除汤水表面的浮沫，将猪肘捞出清洗干净。

3. 高压锅中加水，放入葱段、姜片、八角、花椒、桂皮、料酒、盐。

4. 放入猪肘，盖上盖子炖 40 分钟左右，高压锅放气后，捞出后用筷子能插透即熟透。

5. 煮好的猪肘晾至温热后剔出骨头，切成薄片放入盘中。

6. 将辣椒油、生抽、米醋放入小碗中，加入绵白糖调成料汁。

7. 将蒜末和小米椒放在肘花上表面，浇上料汁。

8. 最后撒上香菜碎拌匀即可食用。

烹饪秘笈

猪肘煮熟后，可以在汤中浸泡半小时左右再捞出，这样更入味。猪肘冷却后可以放冰箱冷藏 1 小时左右再切，这样能够方便切出很薄的肘花。

营养贴士

猪肘纤维较为细软，结缔组织较少，胶原蛋白比较丰富，经加工后味道鲜美，能够使皮肤丰满润泽，增强体质。

酸辣鸡胗

开 胃 下 酒 菜

特色 鸡胗无论是热炒还是凉拌都很合适，偶尔小酌的时候，来上一盘酸辣鸡胗，实在是一道不错的下酒菜。

15min
烹饪时间（不含腌制时间）

简单
难易程度

主料

| 鸡脦 | 300 克 |
| 酸豆角 | 100 克 |

辅料

油	1 汤匙
盐	2 克
料酒	2 茶匙
生姜	5 克
红泡椒	10 个
老抽	1 茶匙

烹饪秘笈

1. 想要菜色看上去更鲜亮，可以用水淀粉勾薄芡。
2. 鸡脦用大火爆炒，这样口感会比较脆嫩。

做法

1. 鸡脦清理掉内壁和表面的膜，充分洗净后控干水分，切成 3 厘米见方、0.5 厘米厚的片；生姜洗净去皮后切成姜末。

2. 鸡脦放入容器中，加入料酒、姜末腌制 15 分钟；红泡椒切成圈备用。

3. 酸豆角洗净后放入容器中，加入清水浸泡片刻，以免味道过咸。

4. 浸泡好的酸豆角捞出，控干水分后切成约 1 厘米的丁。

5. 锅中放油，大火烧至约七成热后，放入鸡脦快速滑油至稍微变色，盛出控油后备用。

6. 利用锅中的底油，放入红泡椒煸炒出香味后，放入酸豆角丁煸炒半分钟左右。

7. 将滑油过的鸡脦倒入锅中，大火翻炒 1~2 分钟至鸡脦断生。

8. 加入盐、老抽和适量清水，炒匀后略微收汁即可锅。

 营养贴士

鸡脦含有丰富的蛋白质、维生素和各种微量元素，适合大部分人群食用，能够帮助消化，增强体质。

青柠樱桃萝卜花

餐桌上绽放一朵花

▶ **10min**
烹饪时间（不含浸泡时间）

简单
难易程度

特色

小巧的樱桃萝卜颜色鲜艳，口感脆爽，如果愿意花一点功夫将其切成一朵花，那就会给整个餐桌增色不少，考验刀工的时候到了，行动起来吧。

主料	樱桃萝卜	200 克
	青柠檬	半只
	生菜叶	1 片
辅料	绵白糖	1 茶匙
	蜂蜜	20 克
	白醋	1 茶匙

烹饪秘笈

1. 一定要用白醋，用米醋会让萝卜花的颜色没那么洁白，影响品相。

2. 糖醋汁的比例可以根据自己的喜好调整，如果喜好咸味，也可以调咸味的料汁。

🌱 营养贴士

樱桃萝卜更像一种水果，有少许辛辣的味道，爽脆可口。其维生素和矿物质含量较高，能够增进食欲、促进肠胃蠕动。

做法

1. 樱桃萝卜清洗干净，将头和尾都切掉。

2. 将樱桃萝卜尾部朝下，竖着放在案板上，垂直将樱桃萝卜切成约 0.2 厘米厚的片，注意底部不要切断。

3. 然后旋转 90 度继续垂直切薄片，底部同样不要切断。

4. 将绵白糖、蜂蜜、白醋放入碗中，挤几滴柠檬汁进去，加入适量纯净水调成汁。

5. 将切好的萝卜花放入调味汁中浸泡半小时左右就会绽放开花。

6. 将生菜叶铺在盘子上，萝卜花摆放在生菜叶上，淋上一点调味汁即可。

第四章

时令养生小菜

养生保健并不是老年人的专利，俗话说"药补不如食补"，可见食疗养生对身体健康的重要性。只要多用心一点，就能够从饮食方面对身体进行滋补，行动起来，让我们用食物来保护自己吧！

冬瓜营养丰富，能够清热生津。平时用冬瓜似乎做汤比较多一些，偶尔做道香菇烧冬瓜吧，香菇的加入能够让你吃到鲜美的味道。

15min
烹饪时间

简单
难易程度

香菇烧冬瓜

素 菜 也 鲜 美

主料

冬瓜	200 克
鲜香菇	100 克
胡萝卜	半根

辅料

油	1 汤匙
生抽	2 茶匙
盐	1/2 茶匙
大蒜	15 克
香葱	1 棵

做法

1. 鲜香菇洗净后去掉根蒂，切成 2 厘米见方的小块；冬瓜切成约 0.5 厘米厚、4 厘米见方的薄片。

2. 大蒜去皮，掰成蒜瓣切成蒜末；胡萝卜洗净去皮后切成 3 厘米见方的菱形片；香葱洗净后留葱叶，切成葱花。

3. 锅内放油，约七成热后加入蒜末煸炒出香味。

4. 放入香菇块翻炒半分钟左右，加入适量清水，煮至香菇熟透。

5. 放入冬瓜片翻炒几下后，加入生抽和适量清水，继续翻炒 1~2 分钟至冬瓜片变透明。

6. 最后加入胡萝卜片翻炒几下，加入盐调味后放入葱花，炒匀即可出锅。

烹饪秘笈

1. 想要菜色看上去更鲜亮，可以用水淀粉勾薄芡。

2. 香菇也可以提前用开水焯一下，以减少炒制时间。

营养贴士

香菇是低脂肪、高蛋白的食物，有"山珍之王"之称，在促进新陈代谢、减肥等方面有一定的功效。冬瓜属于典型的高钾低钠型蔬菜，在保护肾脏方面有一定功效。

茼蒿炒香干

皇 帝 菜 进 入 寻 常 百 姓 家

特色　茼蒿在古代被称为皇帝菜，被列为宫廷佳肴。现在，这道菜已经走进了寻常百姓家，成为餐桌上的一道常见菜了，这是当时的皇帝们怎么也想不到的吧？

10min
烹饪时间

简单
难易程度

主料

| 茼蒿 | 300 克 |
| 香干 | 150 克 |

辅料

油	1 汤匙
盐	1/2 茶匙
大蒜	15 克
生抽	1 茶匙

做法

1. 茼蒿清洗干净后，将底部的老根切掉一部分，将梗和叶子分开切成两半，控干水分。

2. 茼蒿梗和叶子分别切成 3 厘米左右的段；大蒜去皮，掰成蒜瓣切成蒜末。

3. 香干洗净后控干水分，切成 1.5 厘米左右的小丁。

4. 锅中放油，大火烧至约七成热时放入蒜末，煸炒出香味。

5. 加入茼蒿梗煸炒几下后，放入香干继续翻炒至茼蒿梗微微变色。

6. 加入生抽和盐，放入茼蒿叶子翻炒半分钟左右即可出锅。

烹饪秘笈

1. 可以先将茼蒿梗用开水焯一下，这样爆炒的时候跟茼蒿叶一起下锅即可。

2. 香干有一定盐分，因此菜里的盐要根据自己的口味进行调整。

营养贴士

茼蒿气味芬芳，其特殊的香味有助于增加唾液的分泌，能够促进食欲，也有安心养神、利尿消肿等功效。

莴笋炒鸡蛋

清 爽 又 营 养

特色 莴笋清爽的颜色是餐桌上的一道养眼色，搭配金灿灿的鸡蛋更是让人有食欲。这道菜味道清爽鲜美，颜色清新亮丽，做法快手简单，很适合家庭餐桌。

10min
烹饪时间（不含泡发时间）

简单
难易程度

主料

莴笋	350 克
鸡蛋	2 个
干木耳	5 克

辅料

油	4 茶匙
大蒜	15 克
盐	1/2 茶匙

烹饪秘笈

1. 焯莴笋的时候在水中加一点油和盐，可以使莴笋颜色鲜亮。

2. 鸡蛋中可以加入少量清水，这样炒出来的鸡蛋口感更嫩。

3. 炒鸡蛋的时候不要使劲翻，以免碎掉影响菜品卖相。

做法

1. 干木耳用温水提前泡发约 2 小时，泡开后洗净并撕成小朵。

2. 莴笋去皮后洗净控水，切成 3 厘米见方的菱形块；大蒜去皮，掰成蒜瓣切成蒜片。

3. 鸡蛋磕入碗中充分打散，加入少量盐调味并搅拌均匀。

4. 锅中备水，水烧开后放入莴笋，颜色略变深后捞出；放入黑木耳煮 2 分钟左右，莴笋和黑木耳捞出后过凉水过凉，捞出后控干水分。

5. 不粘锅中倒入少量油，六成热的时候转小火，倒入鸡蛋翻炒成块状，盛出备用。

6. 重新起锅，倒入剩下的油，约七成热时放入蒜片煸炒出香味。

7. 加入焯好的莴笋翻炒几下。

8. 加入黑木耳和鸡蛋翻炒几下，出锅前加入盐翻炒均匀即可。

营养贴士

莴笋味道清新，能够促进食欲，其中的钾含量大大高于钠含量，对人体内的水电解质平衡比较有利。

蒜蓉菜心

绿 色 蔬 菜 要 常 吃

特色 绿色蔬菜不仅营养价值高，还能给餐桌增色。用白灼的方法做这道菜心，能够保持它的营养和口感，翠绿的颜色也很漂亮呢。

10min
烹饪时间

简单
难易程度

主料

菜心	350 克

辅料

芝麻油	1 汤匙
盐	1 茶匙
蚝油	1 茶匙
小米椒	2 个
大蒜	25 克
生抽	1 茶匙

烹饪秘笈

1. 焯菜心的时候在水中加一点油和盐，可以使菜心保持鲜嫩的绿色。
2. 菜心清洗时，可以在清水中浸泡 10 分钟左右去除部分农药残留。

做法

1. 菜心去掉根部后，将叶子择开反复清洗干净；大蒜去皮，掰成蒜瓣切成蒜末；小米椒洗净后切成圆圈状。
2. 锅中备水，烧开后放入菜心焯烫十几秒至变色后，捞出控干水分。
3. 焯好的菜心沿着一个方向摆放在盘中。
4. 另起一锅倒入芝麻油，烧至七成热后加入蒜末煸炒出香味。
5. 加入盐、蚝油、生抽和少量清水调成汁，继续烧开。
6. 将小米椒摆放在菜心表面，浇上烧开的汁即可。

 营养贴士

略带苦味的菜心富含纤维素和维生素，有助于清热解毒，对降低胆固醇也有一定的功效，能够增强人体免疫力。

洋葱鱿鱼圈

洋 葱 遇 上 海 鲜

 特色 洋葱营养丰富，在国外被称为"菜中皇后"，而紫洋葱所含营养更胜一筹，因此，可以多食用一些紫洋葱。

 10min
烹饪时间

 简单
难易程度

做法

1. 鱿鱼圈洗净后控干水分；紫洋葱洗净后切成约0.3厘米宽的丝；红甜椒洗净去掉内部的籽后，切成约0.3厘米宽的丝；大蒜去皮，掰成蒜瓣切成蒜片；生姜洗净去皮后切成丝。

2. 备一锅水，烧开后放入鱿鱼圈焯2分钟左右捞出，控干水分。

3. 另起一锅倒入油，大火烧至七成热后放入蒜片、姜丝煸炒出香味。

4. 放入紫洋葱丝煸炒至略微透明变软。

5. 放入红甜椒丝煸炒片刻至微微变软。

6. 放入鱿鱼圈，加入料酒、生抽和盐，煸炒十几秒左右，炒匀出锅即可。

主料

鱿鱼圈	200 克
紫洋葱	半个
红甜椒	半个

辅料

油	1 汤匙
生姜	10 克
大蒜	15 克
料酒	2 茶匙
盐	1/2 茶匙
生抽	2 茶匙

烹饪秘笈

如果有时间，可以将鱿鱼圈加入料酒和少量的盐提前腌制一下，会更入味。鱿鱼圈焯的时间不要过长，否则口感会变硬。

 营养贴士

鱿鱼是营养价值比较高的海产品之一，热量低且含有丰富的营养元素。需要注意的是，鱿鱼性寒，脾胃虚寒的人应少吃。

麻汁豆角

充满芝麻香的味道

特色 餐桌上常见的一道菜，似乎很受大众欢迎。有很多的饭店，甚至将这道小菜当作餐前菜赠送，每桌一份，可见其受欢迎的程度。

8min
烹饪时间

简单
难易程度

主料

豇豆	250 克

辅料

芝麻酱	50 克
盐	1/2 茶匙
米醋	2 茶匙
小米椒	2 个
大蒜	25 克
生抽	1 茶匙

烹饪秘笈

1. 焯豇豆的水中加入一点盐和油会让豇豆的颜色保持翠绿。
2. 豇豆要选择嫩的，这样焯出来的口感才会好。

做法

1. 豇豆洗净后控干水分，切成 8 厘米左右的段；大蒜去皮，掰成蒜瓣切成蒜末；小米椒洗净后切成圆圈状。
2. 备一锅水，烧开后放入豇豆段焯烫 1~2 分钟至变色熟透后捞出，过凉开水并控干水分。
3. 将盐、生抽、米醋、芝麻酱放入小碗中调成汁。
4. 将晾凉的豇豆段均匀地摆放在盘中。
5. 将蒜末和小米椒均匀地撒在豇豆段的中间。
6. 最后淋上调好的芝麻酱汁即可。

营养贴士

豇豆含有丰富的植物纤维和易于消化吸收的植物蛋白质，能够补充机体营养元素。其中含有的磷脂也能够促进胰岛素分泌，在血糖控制方面有一定的功效。

丝瓜酿肉

肉 香 伴 菜 香

肉的香气经过蒸制之后融进了丝瓜里，每吃一口，都能品尝到丝瓜的清香伴随着肉香，带给你大大的满足感。

15min
烹饪时间

中级
难易程度

主料

丝瓜	350 克
五花肉	150 克

辅料

盐	2 克
生抽	1 茶匙
料酒	1 茶匙
生姜	5 克
大蒜	20 克
枸杞	10 克
芝麻油	1 汤匙
淀粉	5 克

烹饪秘笈

丝瓜盅不要挖得太深，否则蒸好以后容易软塌塌的，不成型。挖出来的丝瓜瓤可以切碎一点放入肉糜中，避免浪费哦。

做法

1. 丝瓜洗净后去皮；五花肉洗净后剁成肉糜；大蒜去皮，掰成蒜瓣切成蒜末；生姜洗净去皮后切成姜末。

2. 淀粉放入碗中，加约 30 毫升凉水调成水淀粉。

3. 肉糜放入碗中，加入料酒、生抽、盐、姜末搅拌均匀腌制片刻。

4. 将丝瓜切成 4 厘米左右的段，用挖球器在丝瓜段中间挖出一个凹槽。

5. 将肉糜放入丝瓜段中间的凹槽中，表面摆上枸杞，摆放在盘中。

6. 蒸锅中备水，水开后放上丝瓜盅，大火蒸 5 分钟左右熟透即可。

7. 炒锅中倒入芝麻油，约七成热后放入蒜末煸炒出香味，倒入水淀粉，煮开至略微变浓稠。

8. 将煮好的芡汁均匀地淋在盘中的丝瓜上即可。

营养贴士

丝瓜汁素有"美人水"之称，是比较好的美容食物。其中含有的 B 族维生素能够防止皮肤老化，维生素 C 能够美白皮肤。

肉片西葫芦

物 美 价 廉 的 好 味 道

特色 西葫芦肉质软嫩，吃法多样，可荤可素、可菜可馅，特别百搭呢。而且西葫芦价格不贵，营养又丰富，是物美价廉的好菜。

10min
烹饪时间（不含腌制时间）

简单
难易程度

主料

西葫芦	300 克
里脊肉	100 克

辅料

油	1 汤匙
蚝油	1 茶匙
大蒜	20 克
香葱	1 棵
料酒	2 茶匙
盐	1/2 茶匙
生抽	1 茶匙
淀粉	5 克
干辣椒	3 个

做法

1. 西葫芦洗净后切成 3 厘米见方的菱形片；里脊肉洗净控干水分，切成约2.5厘米见方、0.3厘米厚的肉片。

2. 将肉片放入碗中，加入生抽、蚝油、料酒、淀粉抓匀腌制 10 分钟左右。

3. 干辣椒切成段；香葱洗净后将葱白和葱叶分别切成葱花；大蒜去皮，掰成蒜瓣切成蒜片。

4. 锅中倒入油，大火烧至七成热后放入蒜片、干辣椒和葱白煸炒出香味。

5. 放入肉片煸炒至颜色变白。

6. 放入西葫芦煸炒至变软和略微透明，加入盐和葱叶葱花炒匀即可出锅。

烹饪秘笈

1. 西葫芦不要炒太久，否则太软烂影响口感。

2. 西葫芦本身会析出水分，所以炒菜的时候尽量不要再加水了。

 营养贴士

西葫芦除了含有较多的维生素、葡萄糖等营养物质之外，钙含量也较为丰富，能够增强人体免疫力，还有一定的减肥瘦身功效。

黄瓜鸡肉丁

鸡 肉 也 清 爽

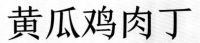

特色 鸡肉肉质细嫩，味道鲜美且富有营养。这道菜将黄瓜和鸡肉搭配一起，能够让黄瓜的清爽滋味给鸡肉增添一份味道。

10min
烹饪时间（不含腌制时间）

简单
难易程度

主料

鸡胸肉	200 克
黄瓜	半根
胡萝卜	1/4 根

辅料

油	1 汤匙
生抽	1 茶匙
盐	1/2 茶匙
绵白糖	1/2 茶匙
料酒	2 茶匙
淀粉	5 克
大蒜	20 克

做法

1. 鸡胸肉洗净控干水分后，切成 1.5 厘米左右的小丁；胡萝卜洗净去皮后切成 2 厘米左右的丁；黄瓜洗净后切成 2 厘米左右的丁；大蒜去皮，掰成蒜瓣切成蒜片。

2. 鸡肉丁放入碗中，加入生抽、料酒、淀粉抓匀腌制 15 分钟左右。

3. 锅中放油，烧至七成热后加入蒜片煸炒出香味。

4. 放入鸡肉丁快速翻炒至颜色发白。

5. 放入黄瓜丁和胡萝卜丁继续翻炒半分钟左右。

6. 最后加入盐、白糖调味，炒匀即可出锅。

烹饪秘笈

1. 想要鸡肉更入味的话，可以在腌制的时候加一点盐和胡椒粉。

2. 鸡肉炒的时间不要过久，否则容易炒老影响口感。

营养贴士

肉质细嫩、滋味鲜美的鸡肉容易消化，其中丰富的维生素和蛋白质也比较容易被人体吸收利用，与清爽的黄瓜搭配，更能增进食欲。

蒜薹红肠

红肠和蒜香的碰撞

特色 红肠的香味和蒜薹炒熟后淡淡的甜味碰撞出和平时不一样的味道。就算厨艺一般，红肠也能助你一臂之力，让蒜薹变得更加美味。

 10min
烹饪时间

 简单
难易程度

主料

蒜薹	200 克
红肠	半根

辅料

油	1 汤匙
盐	1/2 茶匙
香葱	半根
大蒜	15 克
生抽	2 茶匙

烹饪秘笈

1. 焯蒜薹的时候可以在水中加一点油和盐，能够使蒜薹颜色新鲜好看。

2. 生抽一定不要放多，否则影响菜品的色泽。

做法

1. 蒜薹洗净后，控干水分，切掉顶端的薹苞和底部略皱的部分。

2. 将蒜薹切成 3.5 厘米左右长的段；红肠切成 0.7 厘米见方、4 厘米左右长的条状；大蒜去皮，掰成蒜瓣切成蒜片；香葱洗净后切成葱花。

3. 锅中备水，水开后放入蒜薹段焯半分钟左右，捞出后控干水分。

4. 另起一锅倒入油，烧至七成热后加入蒜片和葱花煸炒出香味。

5. 加入红肠条煸炒约半分钟，使红肠味道更香。

6. 加入蒜薹大火煸炒半分钟到 1 分钟，加入生抽和盐调味炒匀即可。

 营养贴士

蒜薹中含有的一些特殊成分有一定的杀菌作用，其含有丰富的纤维素，营养价值较高，能够提高人体免疫能力。

炝拌西蓝花

炝 拌 西 蓝 花

补 充 维 生 素

特色 想要最大程度上保持西蓝花的营养和美味，这
道菜就是一个不错的选择，而且做法很简单，
只需要几步，美味就上桌。

10min
烹饪时间（不含泡发时间）

简单
难易程度

主料

西蓝花	300 克
胡萝卜	1/4 根
干木耳	5 克

辅料

盐	1/2 茶匙
油	1 汤匙
米醋	1 茶匙
干辣椒	3 个
大蒜	15 克

烹饪秘笈

1. 西蓝花焯烫时间不宜过久，否则会变软影响口感。

2. 干木耳用温水泡发会快一些，如果在温度较高的夏季，干木耳泡发时间不宜超过 4 小时，以防止变质。

做法

1. 干木耳用温水提前泡发约 2 小时，泡开后洗净并撕成小朵。

2. 西蓝花去掉粗茎后，择成小朵并洗净；胡萝卜洗净去皮后切成约 3 厘米见方、0.2 厘米厚的菱形片。

3. 大蒜去皮，掰成蒜瓣切成蒜末；干辣椒切成小段；盐、米醋放入小碗中调成汁备用。

4. 锅中加入清水，煮至沸腾后加入少许油和盐，将西蓝花放入焯烫 1 分钟左右至颜色变深，捞出后过凉开水晾凉后，控干水分备用。

5. 将黑木耳放入开水中煮 2 分钟左右，捞出后过凉水过凉，捞出后控干水分。

6. 将西蓝花、胡萝卜和黑木耳放到容器中，倒入调好的汤汁拌匀。

7. 锅中倒入油，烧至七成热后放入干辣椒和蒜末煸炒出香味。

8. 将烧好的油稍微晾凉后浇到西蓝花上面，拌匀即可。

 营养贴士

西蓝花中的营养成分全面且含量高，包括蛋白质、矿物质和维生素等，在增强肝脏解毒能力、提高机体免疫力等方面也具有一定的功效。

特色

茶树菇和豆腐都属于十分百搭的食材。其味道都比较清淡，过重的调味反而会掩盖它们本身特有的味道。这道小菜用料简单，能够保持茶树菇和豆腐自然的香气。

15min
烹饪时间

简单
难易程度

茶树菇烧豆腐

淡 淡 的 清 香 味

做法

1. 茶树菇洗净后控干水分；豆腐洗净后控干水分，切成约 3.5 厘米见方、0.5 厘米厚的片。

2. 青甜椒和红甜椒洗净后，去掉内部的籽，切成 2.5 厘米见方的菱形块；生姜洗净去皮后切成姜丝。

3. 平底不粘锅中放入适量油，烧至七成热后将豆腐片用小火煎至两面金黄色，盛出备用。

4. 另起一锅放入剩下的油，烧至七成热放入姜丝煸炒出香味，放入茶树菇煸炒片刻。

5. 加入煎好的豆腐片煸炒片刻，加入盐、生抽、蚝油和适量清水，小火慢慢烧至入味。

6. 最后加入青甜椒和红甜椒片，翻炒均匀即可出锅。

主料

茶树菇	150 克
豆腐	200 克
青甜椒	40 克
红甜椒	40 克

辅料

油	5 茶匙
蚝油	1 茶匙
盐	1/2 茶匙
生姜	10 克
生抽	1 茶匙

烹饪秘笈

1. 煎豆腐最好用平底不粘锅，这样豆腐上色比较容易均匀。

2. 青甜椒和红甜椒最后放，不要煮时间太久，否则会软烂，影响口感。

营养贴士

豆腐被誉为"植物肉"，营养价值很高，消化吸收率高且不含胆固醇，是良好的养生食品。茶树菇富含多种氨基酸、矿物质、维生素等，在降低血压、保护心血管方面有一定的功效。

凉拌豆腐皮

佐 酒 小 凉 菜

特色 小酌的时候，拌一份清凉小菜是再好不过了。豆腐皮含有丰富的蛋白质和氨基酸，能为身体补充营养，而且还有着清热润肺的功效哦。

10min
烹饪时间

简单
难易程度

主料

豆腐皮	200 克
黄瓜	60 克
胡萝卜	60 克

辅料

绵白糖	1/2 茶匙
辣椒油	1 汤匙
盐	1/2 茶匙
生抽	1 茶匙
蚝油	1 茶匙
葱白	15 克
米醋	2 茶匙

做法

1. 豆腐皮洗净，备一锅水，烧开后放入豆腐皮焯烫 1 分钟左右后捞出。

2. 将豆腐皮晾凉并控干水分，切成 0.3 厘米左右宽的丝。

3. 黄瓜洗净后用擦丝器擦成丝；胡萝卜洗净去皮后用擦丝器擦成丝；葱白洗净后切成葱丝。

4. 将生抽、米醋、蚝油放入小碗中，加入盐、绵白糖搅拌均匀后调成汁。

5. 将豆腐皮、黄瓜丝、胡萝卜丝、葱丝放入容器中，倒入调好的料汁拌匀。

6. 最后加入辣椒油，拌匀即可。

烹饪秘笈

1. 豆腐皮虽然是熟制品，但是凉拌之前要过开水焯一下，不仅更卫生，也能去除部分豆腥味。

2. 喜欢吃香菜的话，可以在这道菜里面加一点香菜碎，味道也很赞。

 营养贴士

豆腐皮营养丰富，含有多种矿物质及丰富的蛋白质和氨基酸，较容易消化吸收，适合大众人群食用。

毛豆肉丁

烧 烤 好 伴 侣

特色 大口吃串，大口喝酒似乎很受欢迎。烤串也总是离不开毛豆的陪伴，平时常见的多数是盐煮毛豆，殊不知，毛豆跟肉丁炒一炒，味道也很美呢。

15min
烹饪时间（不含腌制时间）

简单
难易程度

主料

毛豆粒	200 克
里脊肉	100 克
胡萝卜	50 克

辅料

盐	1/2 茶匙
生抽	1 茶匙
料酒	2 茶匙
油	1 汤匙
大蒜	15 克
淀粉	5 克
干辣椒	4 个

烹饪秘笈

1. 如果喜欢吃辣的话，可以再加一点小米椒，这样辣味更足一些。

2. 焯毛豆的水中加一点油和盐，能够使毛豆的颜色保持翠绿。

做法

1. 里脊肉洗净后切成 1 厘米见方的丁；胡萝卜洗净去皮后切成 1 厘米见方的丁；大蒜去皮，瓣成蒜瓣后切成蒜片；干辣椒斜切成细丝。

2. 里脊肉放入大碗中，加入生抽、料酒、淀粉抓匀腌制 15 分钟左右。

3. 锅中备凉水，加入少许盐和油烧开，将毛豆放入焯烫 5~8 分钟捞出，控干水分。

4. 炒锅中放油，大火烧至七成热后加入蒜片和辣椒丝煸炒出香味。

5. 加入里脊肉丁翻炒至颜色发白，再加入胡萝卜丁翻炒几下。

6. 最后加入毛豆继续翻炒约半分钟，加入盐调味即可出锅。

 营养贴士

嫩毛豆中的膳食纤维含量在蔬菜中当属冠军。膳食纤维能够加快肠胃蠕动，促进人体新陈代谢。除此以外还含有丰富的维生素、蛋白质等营养成分，能够增强体质。

鸡蛋蔬菜卷

换 个 花 样 吃 鸡 蛋

特色　金灿灿的鸡蛋皮包裹着各色蔬菜，圆嘟嘟的，卷成卷摆在盘中很是好看。如果你愿意，再淋上番茄酱或者别的酱汁，整个菜不仅变得更加美味，也更加漂亮了。

10min
烹饪时间

简单
难易程度

主料

鸡蛋	4 个
黄瓜	1 根
胡萝卜	1 根
生菜	2 片

辅料

油	2 茶匙
盐	2 克
豆瓣酱	30 克

烹饪秘笈

1. 不喜欢豆瓣酱的话，可以换成自己喜欢的任意酱料。
2. 蔬菜也可以替换成自己喜欢的其他蔬菜。
3. 鸡蛋饼不要摊得太薄，否则卷起来的时候容易破。

做法

1. 黄瓜洗净后，切成 0.5 厘米见方、7 厘米长的条；胡萝卜洗净去皮后切成 0.5 厘米见方、7 厘米长的条；生菜洗净后控干水分。

2. 鸡蛋磕入碗中打散，加入盐搅拌均匀。

3. 平底锅内加入油，倒入蛋液后小火摊成约 0.5 厘米厚的鸡蛋饼。

4. 鸡蛋饼晾凉后，铺在平盘中，用小刷子在鸡蛋饼上抹一层豆瓣酱。

5. 铺上一层生菜，用小刷子在生菜上抹一层豆瓣酱。

6. 放入黄瓜条和胡萝卜条，轻轻卷起后切斜一刀，摆放在盘中即可。

营养贴士

鸡蛋含有丰富的氨基酸，也是优质蛋白质、B 族维生素的良好来源。搭配各种蔬菜，这道小菜还能够给人体补充植物纤维素、矿物质和多种维生素，营养较为全面。

腰果芦笋

坚果入菜也美味

特色 腰果应该算是一种入菜较多的坚果吧。脆脆香香的腰果营养丰富，其本身特有的坚果味道也能够给蔬菜增添香气。

15min
烹饪时间

简单
难易程度

主料

腰果	80 克
芦笋	250 克
胡萝卜	50 克

辅料

盐	1/2 茶匙
油	1 汤匙
淀粉	5 克
大蒜	15 克

烹饪秘笈

1. 芦笋上半部分比较嫩的部分可以不用去皮，用刀刃轻轻刮一刮即可。
2. 腰果入锅之后要小火炒，并且不停地翻炒，以免煳掉。

做法

1. 芦笋切掉根部比较老的部分和尖部的花，清洗干净后，控干水分。

2. 用削皮器去掉芦笋的皮，处理好之后切成约 3 厘米长的斜段。

3. 大蒜去皮，掰成蒜瓣后切成蒜末；胡萝卜洗净去皮后，切成 3 厘米见方的菱形块；淀粉中加入 25 毫升左右清水调成水淀粉。

4. 锅中备水，加一点油和盐，水开后放入芦笋段焯 1 分钟左右捞出，控干水分。

5. 炒锅中放油，小火加热到六成热后放入腰果不停翻炒至腰果颜色变成金黄色，捞出备用。

6. 利用锅中的底油，加入蒜末煸炒出香味。

7. 加入胡萝卜片和焯好的芦笋，大火快速翻炒约半分钟。

8. 加入盐调味后放入腰果，最后倒入调好的水淀粉勾芡，翻炒均匀后装盘即可。

营养贴士

芦笋具有低糖、低脂肪、高纤维素的特点，其中的含硒量高于一般蔬菜，具有较高营养价值。

蒜香苦瓜

苦中带着香

▶ **10min**
烹饪时间

简单
难易程度

身体偶尔会出现上火症状，而苦瓜具有良好的清热解毒功效，可缓解上火症状。其丰富的营养也能提高人体免疫力，是比较养生的蔬菜之一。

主料	苦瓜	300 克
辅料	油	1 汤匙
	绵白糖	1/2 茶匙
	盐	1/2 茶匙
	生抽	1 茶匙
	米醋	1 茶匙
	大蒜	15 克
	干辣椒	2 个

烹饪秘笈

1. 焯苦瓜时可以在水中加入少量的油和盐，这样焯出来的苦瓜颜色青翠。

2. 苦瓜焯水的时间不宜过久，否则苦瓜变软影响口感。

做法

1. 苦瓜洗净后，竖着剖成两半，去掉里面的瓤，然后切成 0.4 厘米厚的片。

2. 大蒜去皮，瓣成蒜瓣后切成蒜末；干辣椒斜着切成丝。

3. 锅中备水，水开后放入苦瓜片焯 1 分钟左右捞出，过凉开水过凉，捞出后控干水分。

4. 将苦瓜放在容器中，加入生抽、米醋、盐、绵白糖拌匀。

5. 锅中放油，七成热后加入蒜末和干辣椒丝煸炒出香味。

6. 将热好的油稍微晾凉后倒入苦瓜中，拌匀即可。

🌱 营养贴士

有"植物胰岛素"之称的苦瓜，是药食两用的食疗佳品，其味苦中含清香，能够提高食欲，而且维生素 C 含量丰富，有利于身体健康。

做法

1. 生菜去掉根部，掰开洗净后控干水分；大蒜去皮，掰成蒜瓣后切成蒜末；干辣椒斜切成丝。

2. 锅中加适量清水，水开后放入生菜焯一下立马捞出，沥水后放入盘中。

3. 将蚝油、生抽放入小碗中，加入盐、绵白糖和适量清水调成汁。

4. 另起一锅倒入油，约七成热后放入蒜末、干辣椒爆炒出香味。

5. 倒入调好的汤汁，将汤汁煮开后关火。

6. 将煮好的汤汁浇在生菜上，拌匀即可。

特色 清脆的生菜无论是生吃还是熟吃都非常美味。这道油淋生菜简单地将生菜白灼，再浇上汁，不出 10 分钟就可以做出一道美味。

主料	生菜	2 棵
辅料	油	1 汤匙
	绵白糖	1/2 茶匙
	盐	1/2 茶匙
	生抽	1 茶匙
	蚝油	2 茶匙
	大蒜	25 克
	干辣椒	4 个

烹饪秘笈

1. 焯生菜的时候可以在水中加入几滴油和一点盐，这样能够使生菜保持颜色鲜亮。

2. 生菜很容易熟，焯的时候不要时间太久，防止生菜变很软。

营养贴士

生菜中含有丰富的膳食纤维和维生素，对消除多余脂肪有一定的作用，可以帮助保持身材。

油淋生菜

迅速搞定一道菜

8min 烹饪时间 | **简单** 难易程度

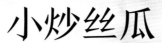

小炒丝瓜

给 自 己 美 美 容

 特色　丝瓜是公认的美容蔬菜，丝瓜汁还有"美人水"之称。爱美的女性朋友，可以多多吃一点哦。

 10min
烹饪时间（不含泡发时间）

 简单
难易程度

主料

丝瓜	350 克
五花肉	100 克
红甜椒	50 克
干木耳	5 克

辅料

油	1 汤匙
盐	1/2 茶匙
淀粉	5 克
大蒜	15 克

烹饪秘笈

1. 丝瓜不要切成太薄的片，否则很容易软烂影响口感和品相。

2. 如果有时间，可以提前用料酒、生抽和少许盐腌制一下五花肉，这样炒出来更有味道。

做法

1. 丝瓜洗净后用削皮器削皮，切成 2.5 厘米见方的滚刀块；五花肉洗净后切成 2 厘米见方、0.3 厘米厚的肉片。

2. 干木耳提前用温水泡发 2 小时左右，洗净并撕成小朵；红甜椒切成 3 厘米见方的片；大蒜去皮，掰成蒜瓣后切成蒜片；淀粉中加入约 25 毫升清水调成勾芡汁。

3. 锅内加适量水，煮至沸腾后将黑木耳放入，煮 2 分钟左右，捞出后过凉水，捞出后控干水分。

4. 锅中放油，约七成热后加入蒜片煸炒出香味，再加入五花肉片煸炒至变色。

5. 加入丝瓜块，大火快速翻炒 2 分钟左右。

6. 加入红甜椒和黑木耳继续翻炒半分钟左右，加入盐调味，倒入勾芡汁，炒匀即可出锅。

 营养贴士

丝瓜中除了含有丰富的植物纤维、矿物质和维生素等成分之外，还含有人参中所含的成分——皂甙，营养价值比较高。

蒜香红苋菜
一 抹 艳 丽 的 颜 色

8min
烹饪时间

简单
难易程度

红苋菜汁呈现鲜艳的玫红色，炒过之后，可以将蒜瓣染成玫红色，很是漂亮呢。

主料	红苋菜	350 克
辅料	油	1 汤匙
	盐	1/2 茶匙
	蚝油	1 茶匙
	大蒜	25 克

烹饪秘笈

1. 苋菜比较容易熟，所以大火爆炒片刻就可以。

2. 如果觉得过于清淡，这道菜可以加一点五花肉炒，味道也很香。

营养贴士

苋菜富含膳食纤维，对减肥瘦身有一定的帮助。其铁、钙的含量是蔬菜中的佼佼者，可以为人体提供丰富的营养物质，有利于强身健体。

做法

1. 红苋菜去掉根部后掰开并洗净。

2. 将红苋菜用清水浸泡一会儿去除部分农药残留物质。

3. 大蒜去皮，掰成蒜瓣后，用刀拍碎。

4. 锅中放油，约七成热后加入大蒜煸炒出香味。

5. 放入苋菜，大火爆炒至变软。

6. 加入盐和蚝油调味，炒匀即可出锅。

做法

1. 土豆和胡萝卜洗净后用削皮刀削去皮，用波纹刀切成1厘米见方、5厘米左右长的条状。

2. 将土豆条在清水中清洗几遍去除部分淀粉。

3. 大蒜去皮，掰成蒜瓣后切成蒜片；香葱洗净后取葱叶，切成葱花。

4. 备一锅水，水开后放入土豆条和胡萝卜条焯1分钟左右。

5. 炒锅中放油，约七成热后加入蒜片煸炒出香味。

6. 放入土豆条和胡萝卜条翻炒约片刻，加入盐和孜然粉调味，最后撒上葱花炒匀即可出锅。

特色 土豆是非常家常的食物，但是家庭做法多数是炒土豆丝或者炖土豆，其实稍微花点小心思，就能让土豆来个大变身而且味道更赞。

主料	土豆	250克
	胡萝卜	100克
辅料	油	1汤匙
	盐	1/2茶匙
	孜然粉	5克
	大蒜	15克
	香葱	半棵

烹饪秘笈

1. 土豆条和胡萝卜条焯水时间不要过长，否则变软后再炒容易碎掉。

2. 土豆尽量选择比较脆的，不要那种口感绵软的。

3. 土豆切成条后可以用清水多冲洗几遍，去除多余的淀粉。

🌱 **营养贴士**

粮菜兼用的土豆含有丰富的维生素和微量元素，并且易于消化吸收，老幼皆宜。土豆的热量较低，饱腹感强，也是一种比较理想的减肥食物。

孜然土豆条
吃不厌的土豆

15min 烹饪时间　　**简单** 难易程度

苦菊沙拉

其实不太苦

10min 烹饪时间　　**简单** 难易程度

特色 苦菊名字中虽然带一个苦字，其实吃起来并不是很苦。搭配其他食材做个沙拉，不仅颜值高，而且营养丰富。

主料	苦菊	250 克
	圣女果	100 克
	生腰果	50 克
辅料	油	1 汤匙
	沙拉酱	40 克

烹饪秘笈 腰果可以根据自己的喜好替换为其他坚果。生腰果要用小火炒熟，否则容易炒糊。也可以直接购买熟腰果，避免炒制的麻烦。

做法

1. 苦菊去掉根部，择掉老叶后清洗干净，在清水中浸泡片刻后捞出，控干水分。
2. 圣女果清洗干净后，控干水分，每个都切成四半。
3. 锅中放油，七成热后放入生腰果，小火翻炒至腰果变成金黄色，捞出晾凉。
4. 凉透的腰果轻轻拍碎。
5. 将苦菊、圣女果和腰果放入容器中。
6. 挤上沙拉酱，拌匀即可食用。

🌿 **营养贴士**

苦菊是清热祛火的佳品，含有比较全面的微量元素，其热量较低，脂肪和碳水化合物含量都不高，能够在一定程度上降低血糖浓度。

做法

1. 豌豆在清水中清洗干净，胡萝卜洗净去皮后切成 1 厘米见方的丁。
2. 里脊肉切成 1 厘米见方的丁放到碗中，加入料酒、蚝油和淀粉拌匀腌制片刻。
3. 锅中加入清水，沸腾后将豌豆和甜玉米粒焯至八成熟，捞出控干水分。
4. 炒锅中放油，七成热后加入里脊肉丁，煸炒至变色。
5. 放入胡萝卜丁煸炒半分钟左右。
6. 最后加入豌豆和甜玉米粒，加入盐调味，炒匀即可出锅。

营养贴士

豌豆富含蛋白质和膳食纤维，有很强的饱腹感，对控制血糖有一定功效。豌豆中含有的营养物质对骨骼健康和提高机体免疫力也有一定的帮助。

特色 豌豆清新的绿色搭配胡萝卜的橙色和玉米的黄色，使整道小菜看起来色彩丰富，尤其受小孩子的欢迎。

主料	豌豆	150 克
	胡萝卜	50 克
	甜玉米粒	50 克
	里脊肉	80 克
辅料	油	1 汤匙
	盐	1/2 茶匙
	蚝油	1 茶匙
	料酒	2 茶匙
	淀粉	5 克

烹饪秘笈

1. 里脊肉丁不腌制也是可以的，但是腌制以后会更嫩更入味。
2. 豌豆和甜玉米焯水时可以滴入几滴油，能够帮助保持颜色鲜亮。

小炒豌豆

一颗一颗蹦进嘴巴

10min 烹饪时间　　**简单** 难易程度

酱烧杏鲍菇

酱香美味四溢

15min 烹饪时间

简单 难易程度

特色 吃起来口感肉肉的杏鲍菇很有营养，烹调后会散发出典型的菇鲜味，用酱烧的做法来做，更是让杏鲍菇滋味十足。

主料	杏鲍菇	300 克
	胡萝卜	50 克
辅料	油	1 汤匙
	盐	2 克
	牛肉酱	40 克
	淀粉	5 克
	大蒜	10 克
	香葱	1 棵

烹饪秘笈

1. 胡萝卜块煮久了会变软影响口感，所以要晚一些再放。
2. 盐的用量要根据酱的咸度和自己的口味进行调整。

做法

1. 杏鲍菇洗净后控干水分，切成 2.5 厘米见方的滚刀块；胡萝卜洗净去皮后切成 2 厘米见方的滚刀块。

2. 大蒜去皮并掰成蒜瓣后，切成蒜末；香葱洗净后将葱白和葱叶分开，均切成葱花；淀粉放入碗中，加 25 毫升左右清水调成水淀粉。

3. 锅中倒入油，七成热后放入蒜末和葱白爆炒出香味后，加入牛肉酱煸炒几下，加入少量清水防止煳锅。

4. 将杏鲍菇放入，翻炒均匀后加入至杏鲍菇 1/2 处的清水，小火焖煮 5 分钟左右。

5. 放入胡萝卜翻炒均匀，加入盐调味后，倒入水淀粉煮开。

6. 待汤汁变得浓稠之后，撒上葱花炒匀即可出锅。

🌿 **营养贴士**

杏鲍菇肉质肥厚、口感鲜嫩、营养丰富，能够促进胃酸分泌，加快食物消化，使其中的营养物质比较容易吸收。

第五章

05

解馋下饭小菜

普通的食材，经过不同的搭配和调味，就能成为一道令人眼前一亮、胃口大开的菜。听着家人对你的厨艺赞不绝口，看着家人将餐桌上的菜一扫而光，相信你一定会有莫大的成就感。还在等什么，快快行动起来吧，让米饭无处可逃，让生活有滋有味！

腊肉手撕生菜

别 样 的 风 味

特色 腊肉独特的烟熏味道能够给生菜增添别样的风味，同时，腊肉里的动物油脂会让生菜吃起来更香。

30min
烹饪时间

简单
难易程度

主料

生菜	300 克
腊肉	150 克

辅料

油	1 汤匙
盐	1/2 茶匙
大蒜	15 克
花椒	2 克
干辣椒	3 个

烹饪秘笈

腊肉如果比较咸的话，就需要根据自己的口味适当调整盐的用量，或者提前将腊肉浸泡一段时间去除部分盐分。腊肉提前煮过是为了去除其中部分的亚硝酸盐，这样比较健康一些。

做法

1. 生菜去掉根部之后，将叶子择下来清洗干净，控干水分，撕成 4 厘米见方的块状；大蒜去皮，掰成蒜瓣后切成蒜末；干辣椒斜切成细丝。

2. 备一锅水，将清洗过的腊肉放入煮约 20 分钟至熟透，煮好的腊肉晾凉后，切成约 3 厘米见方、0.4 厘米厚的片。

3. 锅内放油，约七成热后放入腊肉片，小火煎出油分，控油后捞出盛入碗中备用。

4. 继续在油锅中加入蒜末、辣椒丝和花椒煸炒出香味。

5. 加入生菜大火煸炒 1 分钟左右至生菜变软。

6. 最后加入腊肉片和少许盐调味，炒匀即可出锅。

营养贴士

生菜是家庭餐桌常见的蔬菜之一，水分含量高、热量低且富含维生素，是想要通过控制饮食来减肥的人群的良好选择。

可乐柠檬小排

停 不 下 的 美 味

特色 排骨虽美味，可吃多了总会觉得有些油腻，而加一点新鲜的柠檬汁进去，让柠檬的清香融入排骨中，能够减少排骨的油腻感，让排骨吃起来更加美味哦。

50min
烹饪时间

简单
难易程度

主料

猪肋排	500 克
可乐	500 毫升
柠檬	半个

辅料

油	1 汤匙
盐	2 克
料酒	2 茶匙
八角	2 个
桂皮	1 块
生姜	15 克
香葱	1 棵

做法

1. 猪肋排洗净控干水分后，剁成 6 厘米左右长的段；将香葱的葱白和葱叶分开，葱白切成段，葱叶切成葱花；生姜洗净去皮后切成薄片；柠檬挤出汁备用。

2. 锅中备凉水，放入猪肋排，煮开后撇去表面的浮沫，将猪肋排捞出再次清洗干净。

3. 另起一锅倒入油，约七成热后放入葱白、姜片煸炒出香味。

4. 放入猪肋排煸炒至表面微焦，加入料酒、八角、桂皮。

5. 加入盐、可乐和约 10 毫升的柠檬汁，大火烧开后转小火炖约半小时至汤汁浓稠。

6. 最后撒上一点葱花，炒匀即可出锅。

烹饪秘笈

1. 柠檬汁的用量可以根据自己的喜好增减，也可以直接把柠檬切片放进去，味道也不错。

2. 想要排骨更加入味和软烂的话，可以稍微加一点水，多炖一会儿。

 营养贴士

排骨除了含有蛋白质、维生素之外，还有大量的骨胶原和磷酸钙，能够为人体提供钙质，具有滋补身体的功效。

茄子烧四季豆

不 是 荤 菜 却 很 香

特色 紫色的茄子搭配绿色的四季豆，颜色看起来就
让人很有食欲。因为食材经过油炸的，所以虽
然菜里没有一点肉，却依然会让人满口留香。

20min
烹饪时间

中级
难易程度

主料

长茄子	半根
四季豆	150 克

辅料

盐	1/2 茶匙
油	适量
生抽	2 茶匙
蚝油	2 茶匙
大蒜	15 克
干辣椒	5 个

烹饪秘笈

1. 想要菜色看上去更鲜亮，可以用水淀粉勾薄芡。
2. 如果怕炸茄子的过程中茄子吸油过多，可以提前裹上薄薄的一层淀粉。

做法

1. 长茄子洗净，切成 1.5 厘米见方、6 厘米左右长的条；四季豆去掉老筋后洗净，切成 6 厘米左右的段，用厨房纸吸干表面的水分。
2. 大蒜去皮，掰成蒜瓣后切成蒜片；干辣椒切成斜段。
3. 锅内放油，约六成热后放入四季豆炸至表皮出现褶皱，捞出控油备用。
4. 再放入茄子炸成金黄色，捞出控油备用。
5. 将多余的油倒出，锅内留底油，放入蒜片、干辣椒爆炒出香味。
6. 放入炸好的四季豆和茄子翻炒几下后，加入生抽、蚝油和盐调味，炒匀即可出锅。

营养贴士

四季豆中含有的丰富的无机盐，对促进机体新陈代谢有很大的帮助。

麻婆豆腐

自己做一道传统名菜

特色 麻婆豆腐的大名可谓是家喻户晓了，很多人会觉得这道菜做起来很复杂，自己在家不容易做。其实并不然，这道菜的做法并不难，在家也能轻松搞定。

50min 烹饪时间

简单 难易程度

做法

1. 豆腐洗净后切成 1.5 厘米见方的小块；牛肉洗净，控干水分后切成肉末。

2. 豆豉切碎；生姜洗净去皮后切成姜末；大蒜去皮，掰成蒜瓣后切成蒜末；青蒜苗切成 1.5 厘米左右的段；淀粉加入约 30 毫升清水调成水淀粉。

3. 锅中加入盐和适量凉水，水烧开后放入豆腐块，再次煮沸后将豆腐块捞出，过凉水晾凉后，控干水分。

4. 锅内加入 2 茶匙油，约七成热后放入牛肉末炒至变色后盛出备用。

5. 重新起锅放入剩余的油，七成热后放入郫县豆瓣酱，中火煸炒出红油后，加入蒜末、姜末、豆豉和辣椒粉煸炒出香味。

6. 锅内加入适量清水，约与豆腐平齐即可，加入绵白糖搅匀。

7. 加入豆腐和牛肉末，倒入水淀粉勾芡，大火煮开至汤汁变浓稠。

8. 最后撒上花椒粉和青蒜段，炒匀即可出锅。

主料

南豆腐	250 克
牛肉	80 克

辅料

油	5 茶匙
盐	2 克
郫县豆瓣酱	4 茶匙
绵白糖	1/2 茶匙
大蒜	15 克
生姜	10 克
豆豉	15 克
花椒粉	1 茶匙
辣椒粉	1 茶匙
淀粉	5 克
青蒜苗	1 根

烹饪秘笈

1. 郫县豆瓣酱和豆豉本身都比较咸，所以盐的用量要根据自己的口味进行适当调整。

2. 豆腐最好选择是南豆腐，北豆腐的话口感会有些老。

 营养贴士

豆腐富含蛋白质和钙，不含胆固醇，脂肪含量也比较低。豆腐中的大豆蛋白属于植物蛋白，是一种优质蛋白质，对身体健康比较有益。

辣子鸡丁

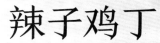

生 活 就 要 火 辣 辣

特色 红彤彤的色彩，火辣辣的口感，一盘辣子鸡丁，看着就很让人有食欲。无论是下饭还是下酒都是不错的选择。

20min
烹饪时间（不含腌制时间）

简单
难易程度

辅料

油	适量
盐	1/2 茶匙
生抽	1 汤匙
蚝油	2 茶匙
料酒	2 茶匙
淀粉	10 克
大蒜	20 克
生姜	15 克
香葱	1 根
干辣椒	5 克
花椒	15 克
绵白糖	2 克
熟白芝麻	5 克

做法

1. 鸡胸脯肉洗净后切成 2 厘米见方的块；大蒜去皮，掰成蒜瓣后切成蒜片；生姜洗净去皮后切成片；干辣椒切成段；香葱切成小段。

2. 鸡丁放入容器中，加入盐、生抽、蚝油、料酒、淀粉、香葱段、一半姜片和一半蒜片，抓匀后腌制 20 分钟左右入味。

3. 将腌好的鸡块中的葱段、姜片、蒜片都挑出来不用。

4. 锅内倒入油，以没过鸡块的量为准。中火加热到七成热后，将腌制好的鸡块放入炸至表面呈金黄色，捞出后将油控干。

5. 另起一锅放入 1 汤匙底油，七成热后放入剩余的姜片和蒜片，翻炒几下后加入干辣椒、花椒，小火煸炒至出香味。

6. 放入炸好的鸡丁大火煸炒，最后加入绵白糖和熟白芝麻，炒匀即可出锅。

烹饪秘笈

1. 鸡丁炸制时间不宜过久，否则鸡丁变硬影响口感。

2. 干辣椒和花椒煸炒的时候不要用大火，否则容易炒过变煳。

营养贴士

鸡肉富含磷脂，是我们膳食结构中脂肪和磷脂的重要来源之一。鸡肉容易被消化，且很容易被人体吸收利用，有强壮身体的作用，可以适当多食用一些。

回锅鱼片

鲜 嫩 鱼 肉 吃 不 够

特色 提起"回锅"二字，很多人的第一反应就是"回锅肉"。而这道回锅鱼，则是由回锅肉演变而来的。在回锅肉基本味的基础上，回锅鱼增添了鱼肉的细嫩口感和鲜香滋味，非常美味。

20min
烹饪时间（不含腌制时间）

中级
难易程度

主料

草鱼   700 克

辅料

油   适量
盐   1/2 茶匙
生抽   2 茶匙
料酒   2 茶匙
番茄酱   2 汤匙
大蒜   20 克
生姜   10 克
朝天椒   3 个
香葱   1 棵
淀粉   80 克

做法

1. 草鱼去鳞去鳃，除去内脏及其肚子里的黑膜，清洗干净并剁去鱼头。将处理好的草鱼横切成 1 厘米左右厚的段。

2. 大蒜去皮并瓣成蒜瓣后，一半切成蒜片，另一半切成蒜末；生姜洗净去皮后一半切成片，另一半切成末；朝天椒切成圈；香葱葱白切成段，葱叶切成葱花；5 克淀粉、生抽和 30 毫升左右清水放入小碗中，调成汁备用。

3. 将草鱼段放入容器中，加入盐、料酒、10 克淀粉、姜片、蒜片、一半葱白，抓匀腌制 20 分钟。

4. 将腌制好的鱼段两面都均匀裹上干淀粉。

5. 锅内倒入油，以没过鱼段的量为准。中火加热到六成热后，将腌制好的鱼段放入炸至表面呈金黄色，捞出后将油控干。

6. 另起一锅放入 1 汤匙底油，七成热后放入姜末、蒜末、朝天椒圈和剩下的葱白，爆炒出香味后加入番茄酱炒匀。

7. 加入刚才调好的汁，中小火烧开后放入炸好的鱼段，翻炒均匀。

8. 最后撒上葱花，炒匀即可出锅盛盘。

烹饪秘笈

1. 汤汁不要放太多，能将鱼块均匀裹住就可以了，太多的话会让鱼块变软影响口感。

2. 清洗草鱼时一定要去掉鱼肚中的黑膜，否则会有鱼腥味。

营养贴士

肉质细嫩、营养丰富的鱼肉是温中补气的佳品，也是蛋白质的重要来源。鱼肉的脂肪含量比较低，属于高钠食品，对维持人体矿物质平衡很有帮助。

时蔬干锅

特色 色彩斑斓的蔬菜大聚会，看起来就让人垂涎欲滴，再加上干煸的做法会更入味。家庭小聚的时候，不妨来一道，保证会成为餐桌上的抢手菜。

10min
烹饪时间

简单
难易程度

170

主料

豇豆	100 克
紫甘蓝	80 克
莲藕	100 克
西蓝花	80 克
胡萝卜	80 克
五花肉	120 克

辅料

盐	1/2 茶匙
油	2 汤匙
生抽	2 茶匙
生姜	10 克
大蒜	15 克
香葱	1 棵

做法

1. 豇豆洗净后切成 4 厘米左右长的段；紫甘蓝洗净后用手将叶子撕成 3 厘米见方的块；莲藕和胡萝卜洗净去皮后切成 1 厘米见方、4 厘米左右长的条；西蓝花去掉粗茎后择成小朵并洗净；五花肉切成 3 厘米见方的肉片。

2. 大蒜去皮并掰成蒜瓣后，切成蒜片；生姜洗净去皮后切成片；香葱洗净后将葱白切成斜段，葱叶切成葱花。

3. 锅中备凉水，水烧开后放入豇豆和莲藕焯烫 1~2 分钟，西蓝花焯烫 1 分钟左右，捞出控干水分。

4. 锅内放油，大火烧至约七成热后加入蒜片、姜片和葱白段煸炒出香味。

5. 放入五花肉继续煸炒至颜色变白后，放入豇豆、藕段、紫甘蓝煸炒片刻。

6. 放入胡萝卜、西蓝花，大火煸炒半分钟左右，加入盐、生抽调味炒匀，出锅前撒上葱花炒匀，盛放在干锅中即可。

烹饪秘笈

1 干锅中的蔬菜可以替换成自己喜欢的任意蔬菜，但是要注意不同的蔬菜炒熟的时间不同，因此按照一定的顺序先后放入。

2 如果莲藕和豇豆不提前焯一下，炒的时候就要先放这两种蔬菜，多炒一会儿。

 ## 营养贴士

首先五彩斑斓的蔬菜会从视觉上给人带来食欲，其次各种蔬菜进行搭配，营养元素更加平衡充分，能够很好地为人体补充各种维生素和矿物质，增强机体功能。

土豆咖喱牛肉

"小白"也能变大厨

特色 家里有客人的时候，厨房"小白"应该怎么应对？来一道咖喱牛肉吧，借助咖喱的力量，让厨房"小白"瞬间变身大厨，得到客人的夸赞！

25min
烹饪时间

简单
难易程度

做法

1. 牛里脊洗净后切成 2 厘米见方的丁；青甜椒洗净后去掉内部的籽，切成 2.5 厘米见方的小块；紫洋葱洗净后，切成 2 厘米见方的小块。

2. 土豆和胡萝卜洗净去皮后，切成 3 厘米见方的滚刀块；大葱洗净后切成 2.5 厘米长的葱段；生姜洗净去皮后切成薄片。

3. 锅中备凉水，放入牛肉丁后烧开，去除汤汁表面的浮沫后，将牛肉丁捞出再次冲洗干净。

4. 另换一锅清水，放入牛肉丁，加入盐、料酒、葱段和姜片，大火煮开后转小火煮 20 分钟左右。

5. 煮好的牛肉捞出盛放在小碗中，剩余的牛肉汤倒在大碗中备用。

6. 炒锅中放油，烧至七成热后放入紫洋葱丁煸炒至出香味，然后加入土豆块和胡萝卜块煸炒半分钟左右。

7. 加入牛肉和适量的牛肉汤，待微开时加入咖喱块，搅拌均匀。

8. 煮到汤汁变得浓稠之后，加入青甜椒片炒匀即可。

主料

牛里脊	200 克
土豆	150 克
胡萝卜	50 克
紫洋葱	50 克
青甜椒	50 克

辅料

油	1 汤匙
盐	1 克
咖喱块	40 克
料酒	2 茶匙
大葱	20 克
生姜	10 克

烹饪秘笈

1. 青甜椒片要最后放，不要久煮，否则煮软烂影响口感和品相。

2. 咖喱块也可以用咖喱粉替代，具体的用量可以根据自己的口味进行调整。

营养贴士

牛肉蛋白质含量高，脂肪含量低，富含多种氨基酸和矿物质元素，且消化吸收率比较高，深受人们的喜爱。对于想增肌的健身人士来说，牛肉是非常不错的选择。

肉末烧茄子

家 常 做 法 也 入 味

特色 茄子营养丰富，做法多样，是非常家常的一种
蔬菜。既然是家常的蔬菜，那就来个家常的做
法——肉末烧茄子，油而不腻，咸鲜适中，很
是下饭哦。

15min
烹饪时间（不含腌制时间）

简单
难易程度

主料	
长茄子	1 根
五花肉	100 克

辅料	
油	2 汤匙
盐	2 克
绵白糖	1/2 茶匙
生抽	1 茶匙
豆瓣酱	2 汤匙
大蒜	20 克
香葱	1 根
淀粉	5 克

做法

1. 长茄子洗净，切成约 2 厘米见方的小块；五花肉洗净，控干水分后切成肉末；大蒜去皮并掰成蒜瓣后，切成蒜末；香葱的葱白切成 1.5 厘米长的斜段，葱叶切成葱花；淀粉放入碗中，加 25 毫升清水调成水淀粉。

2. 茄子中撒入盐，腌制片刻。

3. 锅内倒入 4 茶匙油，加热至约七成热后放入茄子煸炒，待茄子变软后将茄子盛出备用。

4. 在锅中再倒入 2 茶匙油，加热至七成热后，加入蒜末、葱白段煸炒出香味。

5. 放入肉末煸炒至颜色发白，放入豆瓣酱、绵白糖、生抽炒匀。

6. 放入茄子块翻炒均匀，倒入水淀粉煮开，最后撒上葱花，炒匀即可出锅。

烹饪秘笈

1. 茄子提前用盐腌制一下，炒的时候吸油的量能够相对减少，更加健康。

2. 这道菜的汤汁不要放太多，如果感觉汤汁多，最后可以小火收汁，会更加入味。

营养贴士

茄子含多种维生素、蛋白质及矿物质等，特别是富含维生素 P，能够保护人体心血管，对身体健康有积极意义。

香辣啤酒鸭

难 以 抵 挡 的 诱 惑

特色 鸭肉能够滋养肺胃，尤其是在炎热的夏季，适当食用鸭肉，既能补充身体所需要的营养，又能够祛除暑热。

30min
烹饪时间

中级
难易程度

做法

1. 鸭子洗净后剁成 3 厘米见方的块；大蒜去皮并掰成蒜瓣后，用刀拍碎；生姜洗净去皮后切成姜丝；香葱的葱白切成 1.5 厘米长的斜段，葱叶切成葱花；青甜椒、红甜椒洗净后去掉内部的籽，切成 2.5 厘米见方的片；紫洋葱洗净后切成 2 厘米见方的片；干辣椒切成段。

2. 锅中加凉水，将鸭肉放入后大火煮开，撇去表面的浮沫，将鸭肉捞出后清洗干净，控干水分。

3. 锅内放油，加热至约七成热后放入花椒煸炒出香味后，将花椒捞出不用。

4. 将花椒油再次加热，放入蒜瓣碎、葱段、姜丝、干辣椒、八角、桂皮，煸炒至出香味。

5. 放入鸭肉煸炒至鸭肉颜色发白，渗出部分油脂。

6. 加入老抽、蚝油、啤酒，大火烧开后盖上锅盖，转小火焖煮。

7. 焖煮至水量剩余 1/3 左右时，加入盐翻炒均匀并转大火收汁，放入青甜椒、红甜椒和紫洋葱片。

8. 最后翻炒至收汁收干，撒上葱花炒匀即可出锅。

主料

鸭子	半只
青甜椒	50 克
红甜椒	50 克
紫洋葱	50 克

辅料

油	1 汤匙
盐	1/2 茶匙
老抽	2 茶匙
蚝油	1 茶匙
八角	2 个
桂皮	1 段
花椒	1 茶匙
啤酒	330 毫升
干辣椒	3 个
大蒜	20 克
生姜	15 克
香葱	1 棵

烹饪秘笈

1. 老抽中含有一定的盐，因此最后加盐的量要根据自己的口味进行调整。

2. 最后收汁的时候要经常翻炒并观察，防止煳锅。

 营养贴士

鸭肉是进补的优良食品，比较易于消化吸收，具有滋阴养胃的作用，是滋补身体、增加营养的良好选择。

葱爆羊肉

爆 炒 出 来 的 美 味

 特色

嫩滑的羊肉经过爆炒之后，咸香不膻，与葱香的味道混合在一起，别有一番风味。似乎，羊肉和大葱本来就是应该在一起的。

 15min
烹饪时间（不含腌制时间）

简单
难易程度

做法

1. 羊腿肉洗净后切成约 5 厘米见方、0.3 厘米厚的薄片；葱白切成约 0.7 厘米宽的斜段；香菜洗净后切成 1.5 厘米左右的段。

2. 羊肉片放在大碗中，加入生抽、料酒、淀粉抓匀，腌制半小时左右。

3. 锅内放油，加热至约六成热后放入腌制好的羊肉片，大火爆炒至变色，盛出备用。

4. 利用锅中的底油，加入葱段爆炒出香味。

5. 放入羊肉片，调入盐、绵白糖，大火翻炒均匀。

6. 出锅前撒上香菜碎，炒匀即可盛盘。

主料

羊腿肉	250 克
大葱葱白	100 克

辅料

油	4 茶匙
盐	1/2 茶匙
生抽	2 茶匙
料酒	2 茶匙
淀粉	5 克
绵白糖	1/2 茶匙
香菜	1 棵

烹饪秘笈

羊肉尽量选择羊后腿肉，不要切得太薄。羊肉想要更入味的话，提前多腌制一段时间也是可以的。

 ### 营养贴士

比起猪肉，羊肉的肉质更加细嫩，且脂肪、胆固醇含量都少，能够对身体进行温补，提高身体免疫力。

糖醋虾仁

酸 酸 甜 甜 的 鲜 美

特色　鲜美可口又营养丰富的虾仁一直很受人们欢迎，其做法也可以多种多样。这道糖醋虾仁，酸酸甜甜的味道裹满整个虾仁，虾仁似乎变得更加嫩爽啦。

20min
烹饪时间（不含腌制时间）

中级
难易程度

主料

鲜虾	400 克
胡萝卜	50 克
豌豆	50 克

辅料

油	适量
生抽	2 茶匙
鸡蛋清	20 克
面粉	20 克
米醋	1 茶匙
番茄酱	30 克
绵白糖	1 茶匙
淀粉	30 克
大蒜	15 克
生姜	10 克
香葱	1 棵

做法

1. 鲜虾洗净后去头去壳，在背部划开一刀，用牙签挑出虾线；胡萝卜洗净去皮后，切成 1 厘米左右的丁；大蒜去皮并掰成蒜瓣后，切成蒜片；生姜洗净去皮后切成姜丝；香葱的葱白切成葱丝，葱叶切成葱花。

2. 将虾仁放在容器中，加入蒜片、葱丝、姜丝，用手抓匀后腌制 20 分钟。

3. 将生抽、米醋、番茄酱、绵白糖放入小碗中，调成汁备用。

4. 锅中加入清水，煮沸腾后将豌豆焯至八成熟，捞出控干水分。

5. 鸡蛋清、面粉和 5 克淀粉放入碗中，加入适量清水调成面糊，将腌制好的虾仁放入裹上面糊。

6. 锅内倒入油，加热至七成热后放入虾仁，炸至虾仁表面呈金黄色，捞出控油。

7. 另起一锅放入少许底油，加热至七成热后放入胡萝卜丁和豌豆煸炒几下。

8. 放入虾仁煸炒几下后，加入刚才调好的酱汁，待汤汁浓稠后关火，撒上葱花炒匀即可出锅。

烹饪秘笈

1. 豌豆焯水时可以滴入几滴油，能够帮助保持颜色鲜亮。

2. 炸好的虾仁可以用厨房纸吸去多余的油，让这道菜吃起来更健康。

营养贴士

虾仁蛋白质含量丰富，是鱼、蛋、奶的几倍到几十倍；其中含有丰富的矿物质和维生素，能够滋补身体，增强身体抵抗能力。

藤椒鸡

忘不了的麻香味

特色 鲜嫩多汁的鸡肉，令人欲罢不能的麻香味道，这道藤椒鸡一上桌，保证让你食欲大开。

30min
烹饪时间（不含腌制时间）

简单
难易程度

做法

1. 鸡腿洗净备用；杭椒和小米椒洗净后切成圈；干辣椒切成段；将葱白切成约 3 厘米长的段；生姜洗净去皮后切成片。

2. 锅中放入鸡腿，加入没过鸡腿的水，放入 1 茶匙盐、大葱段、姜片、一半的花椒、料酒，盖上盖子煮 20 分钟左右至鸡腿熟透。

3. 煮熟的鸡腿捞出后浸泡在冰水中至凉透。

4. 切好的杭椒、小米椒、干辣椒放入碗中，加入 1 克盐腌制 20 分钟左右，加入少许鸡汤和生抽调成辣椒汁。

5. 浸泡凉的鸡腿捞出后控干水分，剔去骨头，切成块状码在盘中。

6. 将调好的辣椒汁均匀洒在鸡腿表面。

7. 锅内放藤椒油，加热至约七成热后加入剩下的一半花椒煸炒出香味。

8. 将烧好的油趁热淋在鸡腿上面即可。

主料

鸡全腿	2 只

辅料

盐	4 克
生抽	1 汤匙
料酒	1 汤匙
藤椒油	2 汤匙
杭椒	3 个
小米椒	3 个
干辣椒	2 个
花椒	2 茶匙
大葱葱白	1 段
生姜	15 克

烹饪秘笈

1. 做好的藤椒鸡放在冰箱冷藏 2 小时左右入味会更好吃哦。

2. 如果有新鲜的藤椒，可以将藤椒油替换成色拉油，加入花椒烧热后淋在藤椒上面激发出藤椒香味即可。

 营养贴士

藤椒带有天然的香气，它含有的挥发油和芳香类物质可以直接被人体吸收。在菜品中加入藤椒，不仅能去除肉类的腥味，还能够使人胃口大开。

五香带鱼

浓 郁 的 鲜 美 味 道

特色 带鱼肉质细腻，营养丰富，没有一般海鱼的那种鱼腥味，而且刺也比较少，是理想的滋补食品。五香带鱼是比较家常的做法，味道很足，是老少咸宜的家常菜。

25min
烹饪时间（不含腌制时间）

简单
难易程度

做法

1. 带鱼段洗净；大蒜去皮并掰成蒜瓣后，切成蒜片；大葱葱白洗净后切成约 3 厘米长的段；生姜洗净去皮后切成片；香葱洗净后将葱白切成葱丝，葱叶切成葱花。

2. 带鱼段放到大碗中，加入盐、料酒、大葱段和一半姜片腌制 20 分钟左右。

3. 腌制好的带鱼段去掉里面的葱、姜、蒜；平底锅中加入少量油，小火将带鱼段煎至两面呈现金黄色后盛出。

4. 在平底锅内再倒入剩余的油，约七成热后放入蒜片、姜片、香葱葱白丝、花椒、八角煸炒出香味。

5. 倒入适量开水，水量以到带鱼段 1/2 处为宜，加入生抽、米醋、老抽、冰糖，搅拌均匀。放入煎好的带鱼段，盖上盖子小火焖煮 10 分钟左右，中间要将带鱼进行一次翻面操作。

6. 待汤汁浓稠后，将里面的香料挑出，在表面撒上葱花盛盘即可。

主料

带鱼段	350 克

辅料

油	5 茶匙
盐	1/2 茶匙
生抽	2 茶匙
料酒	2 茶匙
米醋	1 茶匙
冰糖	10 克
老抽	1 茶匙
大蒜	20 克
生姜	15 克
花椒	1 茶匙
八角	1 个
大葱葱白	1 段
香葱	1 棵

烹饪秘笈

带鱼段表面可以划上花刀进行腌制，这样更入味。如果想要带鱼更香，可以将带鱼裹上薄淀粉炸一下再来制作。

 ## 营养贴士

带鱼属于温性动物，具有止血、补气养血的效果。带鱼中的蛋白质含量丰富，肉质细嫩，比起家禽动物的蛋白质，更容易被人体消化吸收。

韩式五花肉

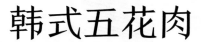

韩 式 美 味 自 己 在 家 做

特色

韩餐里面总是少不了五花肉的身影，当鲜嫩的五花肉在滚烫的铁板上发出滋滋的声响，散发出阵阵的香味，这样的美味诱惑，没有几个人抵挡得住吧。

15min
烹饪时间（不含腌制时间）

简单
难易程度

做法

1. 五花肉洗净后控干水分，切成长 7 厘米见方、0.3 厘米厚的片；生菜洗净并控干水分；大蒜去皮并掰成蒜瓣后，切成蒜片；生姜洗净去皮后切成片；香葱洗净后将葱白切成葱丝，葱叶切成葱花。

2. 五花肉放入大碗中，加入蒜片、姜片、葱丝、料酒、盐、五香粉、芝麻油，抓匀腌制 1 小时。

3. 腌制好的五花肉挑出里面的蒜片、姜片、葱丝不要，加入韩式辣酱拌匀。

4. 电饼铛刷一层底油，热后放入五花肉均匀铺开，煎至两面变色熟透。

5. 盘子中铺上一层生菜，将煎好的五花肉摆放在生菜上面。

6. 撒上一层葱花和熟白芝麻，剩余的生菜撕成小块包住五花肉即可食用。

主料

五花肉	250 克
生菜	150 克

辅料

油	1 汤匙
盐	2 克
韩式辣酱	20 克
熟白芝麻	5 克
五香粉	1 茶匙
料酒	1 汤匙
芝麻油	2 茶匙
大蒜	15 克
生姜	10 克
香葱	1 棵

烹饪秘笈

五花肉多腌制一段时间的话味道会更足。腌制好的五花肉直接煎制，食用的时候再抹一层韩式辣酱也是可以的，根据自己的喜好来。

 营养贴士

五花肉属于大多数人都可以食用的肉类，含有丰富的优质蛋白质、维生素和必需的脂肪酸，具有补肾养血的功效，但是高血脂的人不宜食用过多。

椒盐虾

酥 脆 又 诱 人

特色 经过炸制的虾皮口感变得酥脆，裹在里面的虾仁更加鲜嫩，让人很有食欲。这样的做法，似乎能把虾皮都吃掉了。它好像是吃不够的小零食。

30min
烹饪时间（不含腌制时间）

中级
难易程度

主料

基围虾	300 克

辅料

油	适量
盐	2 克
椒盐	2 克
料酒	2 茶匙
生抽	1 茶匙
干辣椒	2 个
花椒	1 茶匙
淀粉	40 克
大蒜	20 克
生姜	10 克
香葱	1 棵

做法

1. 干辣椒斜切成细丝；大蒜去皮并掰成蒜瓣后，切成蒜末；生姜洗净去皮后切成姜末；香葱洗净后将葱白和葱叶分开切成葱花。

2. 基围虾洗净，把头部的脏东西处理干净，剪掉虾枪虾须，从背部剪开一道口子，用牙签挑出虾线。

3. 将基围虾放入大碗中，加入盐、料酒、生抽拌匀，腌制半小时。

4. 腌制好的基围虾在淀粉中滚一圈，裹上薄薄的一层淀粉。

5. 锅中加入油，大火烧至七成热后，放入裹了淀粉的基围虾炸至金黄色，捞出后在滤网上控干油。

6. 另起一锅加入 1 汤匙油，七成热后放入蒜末、姜末、辣椒丝、花椒、香葱葱白煸炒至出香味。

7. 将炸好的基围虾放入锅中翻炒，撒入椒盐翻炒均匀。

8. 出锅前撒上香葱葱叶，炒匀即可出锅。

烹饪秘笈

1. 虾头最好不要剪掉。清洗干净后带着虾头制作，整道菜看起来会比较美观。

2. 基围虾炸的时间不要太久，用大火炸至金黄色即可，否则吸油太多影响口感。

营养贴士

虾仁清淡爽口，易于消化，含有丰富的微量元素，也是营养均衡的蛋白质来源，适合大部分人群食用。

茄汁藕盒

脆 嫩 嫩 吃 不 腻

特色 脆爽的莲藕经过炸制后依然保持着原有的口感，因为夹了肉馅而变得香味十足，裹上酸酸甜甜的茄汁也能中和一部分肉馅和炸制导致的油腻感，非常美味。

30min
烹饪时间

中级
难易程度

主料

莲藕	1 根
五花肉	150 克

辅料

油	适量
盐	2 克
面粉	150 克
料酒	1 茶匙
老抽	1 茶匙
五香粉	1/2 茶匙
番茄酱	40 克
绵白糖	1/2 茶匙
大蒜	15 克
生姜	5 克
香葱	1 棵

做法

1. 莲藕洗净后去皮，切成 0.7 厘米左右的片，切的时候第一刀不要切到底，第二刀再切到底，这样就可以切出来厚度约 1.5 厘米的，中间可以夹馅的藕盒。

2. 大蒜去皮并掰成蒜瓣后，切成蒜末；生姜洗净去皮后切成姜末；香葱洗净后取叶子，切成葱花。

3. 五花肉用料理机打成肉糜，加入盐、老抽、料酒、五香粉、姜末沿着一个方向搅拌至上劲。

4. 面粉加适量清水调成糊状，面糊稀稠度以勺子倒下刚好流下就可以。

5. 将肉糜塞进切开的藕片中。

6. 锅内加入适量油烧至六成热，将藕盒裹上一层面糊，中小火炸至金黄色后，捞出控干油。

7. 另起一锅加入 1 汤匙油，热后放入蒜末煸炒出香味后，加入番茄酱和绵白糖翻炒均匀。

8. 加入适量清水，汤汁浓稠后将炸好的藕盒放入翻匀，出锅前撒上葱花即可。

烹饪秘笈

1. 藕片比较脆，切片的时候要小心一些切，不要切断。

2. 可以用小火将藕盒炸至淡黄色后捞出控油，然后再用大火复炸一遍至金黄色，这样炸出来的藕盒馅料熟透，外皮很酥脆。

 营养贴士

番茄酱是番茄的浓缩制品，除了含有番茄红素外，还有膳食纤维、矿物质及天然果胶等，其中的营养成分更容易被人体吸收。

菠萝鸡块

水果入菜更美味

特色
如果评选哪种水果入菜最好吃的话，菠萝应当是名列前茅吧？它酸酸甜甜的味道、多汁的口感能够增添道菜的滋味，能够解除肉的部分油腻，一举两得。

20min
烹饪时间（不含腌制时间）

中级
难易程度

主料

鸡胸脯肉	250 克
菠萝	150 克
红甜椒	50 克
青甜椒	50 克

辅料

油	适量
盐	2 克
料酒	2 茶匙
绵白糖	1/2 茶匙
鸡蛋	30 克
淀粉	50 克
番茄酱	40 克
白醋	1 茶匙

做法

1. 鸡胸脯肉洗净后切成 2 厘米见方的块；菠萝果肉切成 2 厘米见方的小块后放入淡盐水中浸泡；红甜椒和青甜椒洗净后，去掉内部的籽，切成 2.5 厘米见方的菱形片；5 克淀粉加 25 毫升左右凉水调成水淀粉。

2. 鸡肉块放入大碗中，加入盐、料酒、2 茶匙油腌制半小时。

3. 腌制好的鸡肉中加入淀粉、鸡蛋和适量清水搅拌均匀，让鸡肉块裹上薄薄的一层淀粉糊。

4. 锅内放适量油，大火烧至七成热后，将鸡肉块放入炸至金黄色，捞出沥干油。

5. 另起一锅加入 1 汤匙油，七成热后放入菠萝块煸炒几下，加入番茄酱、白醋、绵白糖和水淀粉烧开至汤汁浓稠。

6. 放入炸好的鸡肉块、红甜椒片、青甜椒片翻炒几下裹上酱汁即可出锅。

烹饪秘笈

1. 炸鸡肉块的时候，可以炸两遍，即第一遍先炸至淡黄色，捞出控油后再次炸至金黄色。这样经过复炸的肉块会吸油少一些，而且外脆内软。

2. 青甜椒和红甜椒不要炒得时间过长，否则变软影响口感。

 营养贴士

酸酸甜甜的菠萝不仅能够增添菜品的味道，其中含有的菠萝朊酶，还能够分解蛋白质，帮助消化。与肉类搭配食用，可以增加肠胃蠕动，预防脂肪沉积。

地三鲜

香 喷 喷 的 素 菜

特色 虽是一道素菜，地三鲜却有着油亮的菜色，看上去十分诱人。虽说现在健康的生活不倡导吃太多油，但是偶尔吃一下解解馋，还是可以接受的。

20min
烹饪时间

简单
难易程度

主料

茄子	150 克
土豆	150 克
青甜椒	80 克

辅料

油	适量
盐	1/2 茶匙
生抽	2 茶匙
绵白糖	1/2 茶匙
蚝油	1 茶匙
淀粉	5 克
大蒜	20 克
香葱	1 棵

烹饪秘笈

1. 蚝油和生抽都有一定的盐分，所以盐的量要根据自己的口味适当调整。

2. 喜欢吃辣一点的可以将青甜椒替换为青辣椒。

做法

1. 茄子洗净后切成 3 厘米左右的滚刀块；土豆洗净去皮后，切成 3 厘米左右的滚刀块；青甜椒洗净后去掉内部的籽，切成 3 厘米左右的片。

2. 大蒜去皮并掰成蒜瓣后，切成蒜片；香葱洗净后切成葱末；淀粉放入碗中，加入生抽、盐、绵白糖、蚝油和 20 毫升左右清水调成汁。

3. 锅内放适量油，大火烧至七成热后，将茄子放入炸至表面呈现金黄色，捞出后将油控干。

4. 放入土豆块炸至表面呈现金黄色，捞出后将油控干。

5. 另起一锅放入约 1 汤匙油，中火烧至七成热后放入蒜末和葱末煸炒出香味。

6. 将青甜椒放入煸炒半分钟左右。

7. 放入炸好的茄子块和土豆块翻炒几下。

8. 加入调好的酱汁，翻炒均匀后大火收汁即可出锅。

 营养贴士

地三鲜中的土豆营养高、热量低，与茄子一样，均有一定的降血压作用。青甜椒含有的维生素比较丰富，其含有的辣椒素还能增进食欲，帮助消化。

三汁焖鸡翅

汤 汁 也 不 剩

特色 复合的酱汁充满整只鸡翅，每一口都能够品尝
到浓浓的酱香和鸡翅的鲜香。汤汁也不要浪费，
直接加到米饭或者面条里，又是一道美味。

35min
烹饪时间（不含腌制时间）

简单
难易程度

主料

鸡翅中	350 克
土豆	100 克
胡萝卜	70 克

辅料

油	1 汤匙
盐	2 克
蚝油	2 茶匙
料酒	2 茶匙
大蒜	20 克
番茄酱	2 茶匙
海鲜酱	1 汤匙
甜面酱	2 茶匙
蜂蜜	1 茶匙
生姜	5 克
香葱	1 棵

做法

1. 鸡翅洗净后控干水分，在正反面各划三刀。

2. 土豆和胡萝卜洗净去皮后切成约 2.5 厘米的滚刀块；大蒜去皮并掰成蒜瓣后，切成蒜片；生姜洗净去皮后切成姜片；香葱洗净后将葱白和葱叶分开，葱白切成段，葱叶切成葱花。

3. 鸡翅放入容器中，加入蒜片、姜片、葱段、料酒和盐腌制半小时左右。

4. 将蚝油、番茄酱、海鲜酱、甜面酱、蜂蜜放入碗中调成汁。

5. 锅内放油，约七成热后放入胡萝卜、土豆煸炒半分钟，加入至蔬菜 1/2 处的清水。

6. 将腌制好的鸡翅铺在蔬菜表面，盖上锅盖小火焖 10 分钟左右。

7. 将调好的料汁均匀地浇在鸡翅上面，再盖上锅盖小火焖 10 分钟左右。

8. 将焖熟的鸡翅炒匀，大火收汁，最后撒上葱花炒匀即可出锅。

烹饪秘笈

1. 酱汁可以根据自己的口味进行适量调整。

2. 配菜的种类可以多种多样，根据自己的喜好加入配菜即可。

营养贴士

鸡翅含有丰富的脂肪和蛋白质，能够为人体提供必需脂肪酸。同时，鸡翅含有丰富的维生素 A，对身体比较有益。

特色

黑胡椒跟牛柳似乎是天生一对，尤其是在西餐中，牛排上总是少不了黑胡椒的身影。这道黑椒牛柳有点中西合璧的感觉，牛肉口感鲜嫩，黑胡椒香气浓郁，味道很棒。

10min
烹饪时间（不含腌制时间）

简单
难易程度

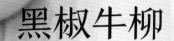

黑椒牛柳

黑 胡 椒 的 魔 法

做法

1. 牛里脊洗净控干水分，切成约 0.7 厘米见方、5 厘米长的条；紫洋葱洗净后切成 0.3 厘米宽的丝；青甜椒和红甜椒洗净后去掉内部的籽，切成 0.3 厘米宽的丝。

2. 牛柳放入大碗中，加入盐、1 汤匙油、淀粉、料酒，抓匀腌制半小时。

3. 将黑胡椒粉、生抽、老抽、蚝油、绵白糖和适量清水放入碗中，搅拌均匀调成汁。

4. 锅中倒入 1 汤匙油，七成热后放入牛柳大火爆炒至颜色发白。

5. 倒入调好的酱汁，放入红甜椒丝和青甜椒丝翻炒均匀。

6. 最后放入紫洋葱丝，翻炒半分钟左右即可出锅。

主料

牛里脊	250 克
紫洋葱	50 克
青甜椒	50 克
红甜椒	50 克

辅料

油	2 汤匙
盐	1/2 茶匙
料酒	2 茶匙
淀粉	5 克
黑胡椒粉	1 茶匙
生抽	2 茶匙
老抽	1 茶匙
蚝油	1 茶匙
绵白糖	1/2 茶匙

烹饪秘笈

1. 洋葱、青甜椒和红甜椒不要炒太久，否则变软会影响口感。

2. 如果有现磨的黑胡椒碎，撒在菜里一些会更美味。

 营养贴士

牛肉中氨基酸的组成比猪肉更接近人体需要，能够滋养脾胃，提高机体抵抗能力，尤其是对生长发育期的青少年来说，是比较适宜的食物之一。

辣炒花蛤

绝 佳 下 酒 菜

特色 三五好友相聚，喝着啤酒来一盘花蛤，别提有
多惬意了。受热的花蛤全部张开，细嫩的花蛤
肉吸收了酱汁的味道，让人吃得停不下来。

15min
烹饪时间（不含腌制时间）

简单
难易程度

主料

花蛤	500 克

辅料

油	1 汤匙
盐	4 克
生抽	2 茶匙
蚝油	1 茶匙
大蒜	20 克
生姜	10 克
干辣椒	4 个
香菜	1 根

做法

1. 花蛤反复清洗后用清水浸泡 1 小时，水中加入少许盐和几滴油，中途晃几次，促进花蛤吐沙。

2. 大蒜去皮并掰成蒜瓣后，切成蒜片；香菜洗净后切成约 1.5 厘米长的段；生姜洗净去皮后切成丝；干辣椒切成段。

3. 锅内放油，加热至约七成热后加入蒜片、姜丝、干辣椒煸炒出香味。

4. 加入花蛤大火翻炒至花蛤微微张开口。

5. 加入生抽、蚝油和盐提味，继续炒至花蛤口全部张开。

6. 最后撒上香菜，炒匀即可出锅。

烹饪秘笈

1. 花蛤本身有一定的咸鲜味，所以盐的量要根据自己的口味进行调整，不要加太多。

2. 花蛤可以用清水多浸泡一会儿，反复搓洗，促进其吐出泥沙。

营养贴士

花蛤中含有丰富的蛋白质、维生素与微量元素，钙含量也比较丰富。而且花蛤的脂肪含量与热量均不高,适合减肥人士食用。

农家小炒肉

特色

但凡菜名中带有"农家"二字的菜，总是给人一种很接地气的感觉，这道农家小炒肉也不例外。家常的做法，却有浓郁的香味，带有辣味的肉香让人口水直流。

10min
烹饪时间

简单
难易程度

202

做法

1. 五花肉洗净后，控干水分，切成 4 厘米见方、0.5 厘米厚的片。

2. 大蒜去皮并掰成蒜瓣后，切成蒜片；红尖椒和青尖椒洗净后去掉内部的筋和籽，斜切成 2.5 厘米宽的段。

3. 锅内放油，约七成热后加入蒜片煸炒出香味。

4. 放入五花肉煸炒至油脂逼出，表面微微发黄。

5. 加入豆瓣酱、盐、绵白糖、生抽和少量清水翻炒至肉片裹上酱汁。

6. 最后加入青尖椒和红尖椒段翻炒半分钟左右即可出锅。

主料

五花肉	300 克
红尖椒	30 克
青尖椒	30 克

辅料

油	1 汤匙
盐	2 克
生抽	2 茶匙
大蒜	30 克
绵白糖	1/2 茶匙
豆瓣酱	1 汤匙

烹饪秘笈

1. 五花肉提前放入冰箱冷冻半小时左右略微变硬，再拿出来比较方便切成薄片。

2. 豆瓣酱和生抽中含有一定的盐分，因此盐的用量要根据自己的口味进行调整。

 营养贴士

五花肉经过煸炒之后可以逼出一部分油脂，降低一些热量。猪肉中含有丰富的维生素 B，能够改善体虚症状。辣椒中的辣味素可以刺激唾液和胃液的分泌，让人更有食欲。

金针菇肥牛卷

天 生 一 对

特色 当肥牛卷遇上金针菇，就有了一场浪漫的邂逅。
这就是命中注定的缘分，只有二者在一起，才
能碰撞出如此令人难忘的美味。

15min
烹饪时间

简单
难易程度

主料

金针菇	200 克
肥牛片	200 克（10 片）

辅料

油	1 汤匙
盐	2 克
生抽	1 汤匙
蚝油	2 茶匙
绵白糖	2 克
大蒜	15 克
生姜	10 克
香葱	1 棵

做法

1. 金针菇切掉根部，撕开并洗净，分成 10 份；大蒜去皮并掰成蒜瓣后，切成蒜片；生姜洗净去皮后切成姜片；香葱洗净后将葱白和葱叶分开，葱白切成段，葱叶切成葱花。

2. 将生抽、蚝油、盐、绵白糖放入碗中，加入少量清水调成汁。

3. 用肥牛片将金针菇卷起放入盘中备用。

4. 平底锅内放少许油，烧至约七成热后将金针菇肥牛卷放入，中火煎至表面微黄盛出。

5. 另起一锅倒入剩余油，放入葱白段、姜片、蒜片爆炒出香味。

6. 加入调好的料汁，将金针菇肥牛卷放入，大火烧开后转中火煮至汤汁浓稠，最后表面撒上葱花即可。

烹饪秘笈

金针菇的量可以根据自己购买的肥牛片的大小进行调整，但不要放太多，要卷得紧一些，以免煎的时候散开。煎肥牛卷的时候要将封口朝下，先煎定型再翻面。

 营养贴士

金针菇营养价值十分丰富，尤其是锌含量比较高，有健脑作用，同时它也是一种高钾低钠食品，比较有益于身体健康。牛肉能提供丰富的蛋白质和维生素，具有滋养脾胃，强筋健骨的功效。

蚂蚁上树

真 的 有 蚂 蚁 吗

特色 蚂蚁上树是一道很有"名气"的菜，光听名字就足够吸引人了。细碎的肉末缠绕在粉丝中间，说是一只只小蚂蚁还真是挺形象。粉丝和肉末吸足了汤汁的味道，每一口都令人回味无穷。

15min
烹饪时间（不含浸泡时间）

简单
难易程度

主料	
红薯粉丝	80 克
五花肉	100 克

辅料

辅料	
油	1 汤匙
老抽	1 茶匙
生抽	1 茶匙
郫县豆瓣酱	1 汤匙
绵白糖	1/2 茶匙
大蒜	20 克
生姜	10 克
朝天椒	2 个
香葱	1 棵

做法

1. 红薯粉丝提前用温水浸泡至变软；五花肉洗净后剁成肉末；大蒜去皮并掰成蒜瓣后，切成蒜末；生姜洗净去皮后切成末；朝天椒切成圈；郫县豆瓣酱剁碎；香葱洗净后将葱白和葱叶分开切成葱花。

2. 锅内倒入油，七成热后加入蒜末、姜末和葱白爆炒出香味。

3. 加入肉末翻炒至发白后，加入郫县豆瓣酱翻炒至上色。

4. 加入泡软的粉丝，调入生抽、老抽、绵白翻炒均匀。

5. 倒入 150 毫升左右的清水或者高汤，大火煮开后转小火，盖上锅盖焖煮至汤汁浓稠。

6. 最后加入朝天椒圈和葱花，炒匀即可出锅。

烹饪秘笈

1. 如果粉丝没时间浸泡，可以用水煮的方式将粉丝煮软。

2. 郫县豆瓣酱、老抽和生抽都有一定的盐分，因此盐的用量就需要根据自己的口味进行调整。

营养贴士

红薯粉丝的附味性比较好，能吸收各种鲜美汤料的味道，与红薯一样，红薯粉丝含有多种维生素和矿物质，其中的钙和镁对预防骨质疏松有很重要的作用。

图书在版编目（CIP）数据

清爽小菜　健康低卡 / 萨巴蒂娜主编 . —— 青岛 : 青岛出版社 , 2019.3

ISBN 978-7-5552-8068-2

Ⅰ . ①清… Ⅱ . ①萨… Ⅲ . ①菜谱 Ⅳ . ① TS972.12

中国版本图书馆 CIP 数据核字 (2019) 第 038535 号

书　　　名	清爽小菜　健康低卡　QINGSHUANG XIAOCAI　JIANKANG　DIKA
主　　　编	萨巴蒂娜
副 主 编	高瑞珊
编　　　辑	侯燕楠
摄　　　影	郭士源
出 版 发 行	青岛出版社
社　　　址	青岛市海尔路182号（266061）
本 社 网 址	http://www.qdpub.com
邮 购 电 话	13335059110　0532-68068026
策 划 编 辑	周鸿媛
责 任 编 辑	肖　雷
设 计 制 作	潘　婷　叶德永　魏　铭　毕晓郁
制　　　版	青岛帝骄文化传播有限公司
印　　　刷	青岛海蓝印刷有限责任公司
出 版 日 期	2019年4月第1版　2019年4月第1次印刷
开　　　本	16开（710毫米×1010毫米）
印　　　张	13
字　　　数	55千字
图　　　数	809幅
书　　　号	ISBN 978-7-5552-8068-2
定　　　价	49.80元

编校质量、盗版监督服务电话　4006532017　0532-68068638

建议陈列类别：生活类　美食类